Urknall

versus

ens - These

Gott würfelt nicht, er spielt
----- TA SAI -----

Glauben und Wissenschaft vereint!

Autor: Chris Wolker

Urknall
versus
ens - These

Gott würfelt nicht, er spielt
----- TA SAI -----

Glauben und Wissenschaft vereint!

Gewagte Thesen und Ideen von:
Chris Wolker

© 8. February 2008 by
Chris Wolker

Imprint:
Independently published

ISBN: 9781718196766

Ludit in humanis divina potentia rebus

(Im Menschlichen spielt die göttliche Allmacht.)

Ovid

Inhaltsverzeichnis:

Vorinformationen und Widmung
Seite 1 bis 8

Kapitel 1
Was hat ein Gamedesigner mit Kosmologie, Astronomie und Astrophysik zu tun?
Seite 9 bis 32

Kapitel 2
Anfang, Ende, Grenzen und Sinnestäuschungen:
Seite 33 bis 46

Kapitel 3
Die Schwachstellen der Urknallthese:
Seite 47 bis 114

Kapitel 4
Jetzt stellen wir andere Fragen und prüfen die Antworten mit Logik:
Seite 115 bis 124

Kapitel 5
Die Autodiskussion über die Unendlichkeit:
Seite 125 bis 128

Kapitel 6
Ewige Unendlichkeit?
Seite 129 bis 142

Kapitel 7
Gott ist die ewige und schöpferische Unendlichkeit!
Seite 143 bis 158

Kapitel 8
Ein neues Postulat für den Urknall!
Seite 159 bis 166

Kapitel 9
Ist die Tasse noch gefüllt? Dann helfen „Schwarze Löcher" und andere Fakten!
Seite 167 bis 200

Kapitel 10
Eine Reise in die Vergangenheit:
Seite 201 bis 204

Kapitel 11
Die ens – These:
Seite 205 bis 276

Kapitel 12
Die 3K Hintergrundstrahlung:
Seite 275 bis 280

Kapitel 13
Der Kreislauf des Alls und die Vorhersagen der ens – These:
Seite 281 bis 296

Kapitel 14
Urknall versus ens – These:
Seite 297 bis 304

Kapitel 15
Das ist Zeit und darum spielt Gott TA SAI:
Seite 305 bis 328

Kapitel 16
Planetenentstehung, so kam das Wasser auf die Erde, Aliens, Ufos, Präastronautik
Seite 331 bis 357

Schlusswort und ein Aufruf gegen Spielsucht
Seite 358 bis 360

Widmung:

Dieses Buch ist folgenden Personen, in chronologischer Reihenfolge, gewidmet:

Für meine Physik- und Chemielehrerin Frau Neumann, die einst zu mir sagte, dass ich unbedingt meine Ideen vertiefen und niederschreiben sollte.

Für Prof. Dr. Harald Lesch, der mir durch seine TV Sendungen ein breites Basiswissen vermittelte und mich dazu bewegte, noch viel tiefer in die Materie einzudringen.

Für meinen guten Freund David John Hughes, der von meinen Ideen so begeistert war, dass er mich letztendlich dazu bewegte, sie in Buchform aufzuschreiben, das Buch zu beenden und es zu veröffentlichen.

Für meinen geliebten Sohn, der zu mir sagte, als ich ihm die Urknallthese in kindlicher Art und Weise erklärte: „Papa, das gefällt mir nicht!"

All jene Menschen trugen auf ihre Art und Weise dazu bei, dass dieses Buch entstand. Dafür bedanke ich mich ganz herzlich!

Scio ne nihil scire.

(Ich weiß, dass ich nichts weiß.)

Sokrates

Kapitel 1:

Was hat ein Gamedesigner mit Kosmologie, Astronomie und Astrophysik zu tun?

Sehr verehrte Leserschaft, gewiss erwarten Sie solch ein Buch von einem hochkarätigen Astronomieprofessor, Astrophysiker, Kosmologen oder einem Theologen, der sich intensiv mit diversen Naturwissenschaften beschäftigt. Mit diesen Titeln und Bezeichnungen kann ich Ihnen nicht dienen. Damit Sie jedoch eine Vorstellung davon bekommen, wer dieses Buch schrieb und warum er es tat, will ich mich Ihnen vorstellen.

Ich interessiere mich mit brennender Leidenschaft seit meiner frühen Kindheit für Astronomie. Im Jugendalter kam dann Astrophysik und Kosmologie dazu. Mein Interesse wurde zu einem sehr zeitaufwendigen Hobby und ich verschlang alle Bücher, die ich zu diesem Thema bekommen konnte. Ich sah ungezählte Planetariumsvorträge, kaufte mir spezielle Fachzeitschriften und Filme, sah mir im TV Dokumentationen dazu an, tauschte mich mit Experten und Laien zum Thema aus und besorgte mir stets Berichte zu neuen Erkenntnissen in diesen Fachbereichen.

Der nicht nur aus dem Fernsehen bekannte und beliebte Prof. Dr. Harald Lesch, vom Institute für Astronomie und Astrophysik von der Universität München, wurde für mich ein virtueller Lehrer des Basiswissens zu den meisten Kernthemen dieses Buches. Prof. Dr. Harald Lesch hat nach meiner bescheidenen Meinung die ausgezeichnete Gabe, das Basiswissen spannend, unterhaltsam und vor allem prägnant in kürzester Zeit so weit zu vermitteln, dass das Fundament dahinter erkennbar und die Aussage darüber verständlich wird. Dieses erworbene Wissen ist sehr gut geeignet, um es durch eigene Arbeit zu erweitern.

Falls Sie - Prof. Dr. Harald Lesch - dieses Buch jemals lesen sollten, will ich Ihnen an dieser Stelle außerordentlich dafür danken. Sie sind jedoch nicht verantwortlich dafür, wenn meine eigenen Schlussfolgerungen falsch sein sollten. Sie gaben mir nur einen Liter Milch, ein Kilogramm Mehl, vier Eier, eine Prise Zucker, etwas Öl, Wärmeenergie, einen Rührstab, einen Teigschöpfer und eine Pfanne. Wenn ich daraus keine Pfannenkuchen gebacken bekomme, dann ist das nicht Ihre Schuld.

Wenn ich ganz ehrlich sein soll, dann muss ich betonen, dass ich gar keine Pfannenkuchen daraus machen will, sondern eine Eigenkreation.

Ich bemerkte sehr früh, dass ich im Vergleich zu den Ansichten von anerkannten Astronomen und Kosmologen auf ganz andere Ideen bezüglich der Erscheinungsformen in den Zonen des Universums kam. Das lag einzig

daran, dass ich andere Fragen stellte und andere Wissenschaften mit in meine Überlegungen einbezog. So etwa Psychologie, Anthropologie, Biologie, Biochemie, Neurologie und natürlich Logik. Entscheidend für meine Ideen war jedoch meine sehr ausgeprägte Fantasie und zudem meine starke Neigung zu allem Kreativen.
Die Sprache der Astronomie und Kosmologie ist die Mathematik. Obwohl mir diese Sprache nicht fremd ist, bin ich der Ansicht, dass alleine mit ihr nicht alles befriedigend beschrieben werden kann. Im Gegenteil! Diese Sprache ist in mancherlei Punkten derart unflexibel und einengend, dass für geistige Kreativität in großem Ausmaß nach meinem Geschmack zu wenig Spielraum übrig bleibt. Ich vergleiche das immer gern mit einer Rosenknospe, die vor ihrer vollen Entfaltung zur Blüte in eine engumschließende Glasröhre gesteckt wird. Es kann zwar von außen gesehen werden, dass etwas Schönes im Inneren ist, doch durch die Ummantelung kann es nicht in vollem Umfang seine wahre Pracht entfalten. Zumindest nicht, ohne die Röhre zu sprengen.
Diese Glasröhre ist für mich die Mathematik. Sie kann zwar eine gewisse Transparenz bieten und den Kern der Sache darstellen, doch für Poesie, Fantasie und Kreativität bleibt da wenig Spielraum übrig. Von daher werde ich

die Syntax der Mathematik in diesem Buch weitreichend vermeiden.

Es ist heutzutage wahrlich keine Kunst, ganze Formelsammlungen, aus der nach meiner Meinung großartigen Onlineenzyklopädie Wikipedia, zu einem bestimmten Thema zu kopieren und die Quellen zu benennen. Dann müssen die Formeln nur noch an den passenden Textstellen einfügen werden und schon wäre die Fachwelt zufrieden. Doch ich schreibe dieses Werk für alle interessierten Menschen und keineswegs nur für jene Individuen aus den wissenschaftlichen Bereichen, die sich überwiegend und sehr gern der Syntax „Mathematik" bedienen.

Ich kenne alle gängigen Theorien, Thesen und so weiter, welche das Universum bezüglich seiner Entstehung und Entwicklung zu erklären versuchen. Ich bin der Ansicht, dass ich mein Modell dazu vorstellen muss, da sich viele Astronomen, Astrophysiker und Kosmologen nach meiner Überzeugung momentan auf einem Holzweg befinden. Die derzeit eingeschlagene Richtung könnte noch viele Jahrzehnte für die Verschwendung von viel Ideenreichtum, Zeit und Geld sorgen. Darum wage ich es einfach, meine Gedanken hier kund zu tun. Was ich anbieten will sind freche Ideen, kreative neue Sichtweisen und neue Antworten durch andere Fragenstellungen. Wer sich die Astronomie und Kosmologie heute genauer betrachtet, der

erkennt, dass viele Hypothesen, Thesen und Theorien nach außen hin sehr oft so behandelt werden, als ob sie absolut nachgewiesen und bereits tatsächliches und unumstößliches Wissen mit dem Wert von Wahrheit wären.
Es wird von Schwarzen Löchern, dem Urknall, Dunkler Materie, Dunkler Energie und anderen Definitionen sehr häufig so gesprochen, als ob es unumstößliche und eindeutig nachgewiesene Wahrheiten wären, die bekannt sind, wie die eigene Westentasche. Tatsache ist jedoch, dass viele aktuell verbreitete Postulate, Hypothesen, Thesen und Theorien und Gedankenansätze auf anderen älteren aufbauen und somit ein Wirrwarr entsteht, das nach meiner Ansicht zu oft von manchen Menschen (**nicht von allen**) als wahr verkauft wird und als Folgeerscheinung wiederum von anderen für die Wahrheit gehalten und als solche weiterverbreitet wird.
Da es jedoch Postulate, Hypothesen, Thesen und Theorien sind, will ich meinen Teil auf spannende und erfrischende Weise zu diesem Wirrwarr beitragen. Ich betrachte die Phänomene des Alls aus einem anderen Blickwinkel und komme dadurch zu völlig anderen Resultaten bezüglich dem, warum wir das beobachten können, was zu beobachten ist.
Lassen Sie sich unterhalten und überraschen, während Sie erfahren, wie das Hirn eines etwas querdenkenden, rebellischen und

durchgeknallten Gamedesigners das „Universum" interpretiert.

Die momentan noch am weitesten verbreitete und anerkannte These, bezüglich der Entwicklung des Universums, ist die Urknallthese die oft fälschlicherweise als Urknalltheorie bezeichnet wird. Da diese These nicht bewiesen ist und die wesentlichsten Kernaussagen von ihr auch nicht bewiesen werden können, wäre die Bezeichnung Theorie einfach falsch. Teile dieser These sagen zwar indirekt etwas vorher, das nach der Meinung einiger Fachexperten gesehen werden kann, doch das Gesehene könnte auch ganz andere Ursachen haben und somit kann nicht behauptet werden, dass die Urknallthese eine Theorie ist, welche einen tatsächlichen Ausschnitt der Realität wiederspiegelt. Da ich mit dieser These nach genauer Überprüfung nicht sonderlich befreundet bin, um es nett zu sagen, will ich in diesem Buch ein anderes Gedankenmodell vorstellen. Ein Modell, das viel schlüssiger ist und ganz andere Ansätze und Antworten bietet, als es die Urknallthese kann. Bei meinem Modell bleiben weit weniger offene Fragen übrig, als bei allen anderen Ansätzen und aus diesen Grund sollte ich der Fachwelt und allen interessierten Menschen diese Gedanken nicht vorenthalten.

Oder besser doch?

Verstehen Sie mich bitte nicht so, dass ich mich für die Krönung der Schöpfung halte oder auf den Nobelpreis hoffe. Nein, ganz gewiss nicht. Ich sehe den heutigen Stand der Kosmologie jedoch so, wie es das später folgende Zitat des Hobby - Psychoanalytikers Horst Kaltenhauser deutlich macht. Ich bin mir durchaus bewusst, dass ich nicht über die komplette fachliche Tiefe in allen Bereichen der Astronomie und Kosmologie verfüge. Doch oft ist es ein Fremder, der an einem fortgeschrittenen Schachspiel vorbeiläuft und sofort den richtigen Zug erkennt, während sich die beiden Spieler so tief in die Spielzüge gedacht haben, dass ihnen die beste Idee verborgen bleibt.
Ich las einst ein Zitat, das Albert Einstein zugesprochen wird.
Es lautet:

„Fantasie ist wichtiger

als Wissen,

denn Wissen ist begrenzt."

Ein weiteres Zitat von dem britischen Philosoph, Logiker und Mathematiker Bertrand Arthur William Russell, lautet:

„Auch wenn alle

einer Meinung sind,

können alle Unrecht haben."

Und zuletzt noch das bereits angedeutete Zitat des Hobby - Psychoanalytikers Horst Kaltenhauser:

„Wer die falschen Fragen stellt,

sollte nicht

auf die richtigen Antworten hoffen."

Da ich als Gamedesigner und Entwickler von Spielsystemen jeder Art über sehr viel kreative Fantasie verfüge und ein relativ gutes Basiswissen bezüglich Astronomie, Astrophysik und Kosmologie besitze, gab mir auch Albert Einsteins Zitat den Mut, dieses Buch zu schreiben und zu veröffentlichen. Und jene Worte von Bertrand Russell sind deswegen absolut passend, da ich mit diesem Buch den Behauptungen von sehr vielen Wissenschaftlern widerspreche. Das ist erfrischend frech, doch so bin ich. Ebenso bin ich jedoch Ihnen und mir selbst gegenüber so

ehrlich und gebe zu, dass ich Fehler mache. Ich habe jedoch den Mut, zu meinen Fehlern zu stehen und daraus zu lernen.
Meine Ideen bezüglich der ens - These fielen mir nicht über Nacht in den Schoß, sondern sie entstanden durch einen langen gedanklichen Entwicklungsprozess, der eng mit meinem Beruf verbunden und gewiss noch nicht abgeschlossen ist.
Beruflich ging ich einen ganz anderen Weg, als den eines Astrophysikers, Astronomen oder Kosmologen. Ich entwickelte bereits mit elf Jahren Spielsysteme und machte dieses Hobby im Laufe meines Lebens zu einem beruflichen Standbein.
Ich bin heute felsenfest davon überzeugt, dass ich ohne den Weg zum Gamedesigner und Spielentwickler niemals dieses Buch hätte schreiben können. Nur durch spezielle und notwendige Wissensinhalte und Vorgehensweisen aus dem logischen Bereich der Spielentwicklung konnte ich zu dem Resultat meines Modells bezüglich des „Universums" kommen. Wichtige Elemente bei der Entwicklung von Spielsystemen sind neurologische, psychologische und anthropologische Kenntnisse, sowie eine ausgeprägte Logik. Auch die Fähigkeit, bei Problemen die richtigen Fragen zu stellen, um die richtigen Antworten zu erhalten, ist ein wesentlicher Bestandteil meiner Arbeit. Das bedeutet, dass Fragen umformuliert- oder ganz neu gestellt werden

müssen, wenn die bisherigen zu keiner befriedigenden Lösung führten. Dies wiederum setzt genügend Fantasie voraus, um das bislang Nichtgedachte durch neue Fragen zu finden.

Mein gemischtes Wissen aus Astronomie, Physik, Kosmologie, Psychologie, Neurologie, Biochemie, Anthropologie und der gut trainierten Logik, plus einem gesunden Spritzer Fantasie und einem kräftigen Schuss Kreativität aus der Spielentwicklung, griff irgendwann ineinander und ergab plötzlich einen erleuchtenden und kristallklaren Sinn.

Um zu erklären, was Spielentwicklung mit meinem neuen Modell bezüglich des „Universums" zu tun hat, muss ich Ihnen dies an dieser Stelle exakt darstellen.

Ich bemerkte in der Anfangszeit als Hobbyspielentwickler, dass Menschen auf bestimmte Spielinhalte immer sehr ähnlich oder exakt gleich reagierten. Mir fiel weiterhin auf, dass bestimmte Formen, Farben, Schlagworte und Klänge ebenfalls immer wieder zu sehr ähnlichen oder gleichen Reaktionen bei den Spielern führten. Dies verblüffte mich am Anfang dieser Beobachtungen und ich wollte wissen, warum dies so ist. Dieser Drang nach Wissen führte mich viele Jahre durch die spannenden und verblüffenden Reiche der verschiedensten bereits aufgeführten Wissenschaftszweige. Ich lernte, legte mir Unterlagen an, machte

Experimente während der Testspielphasen, analysierte und kam zu Schlussfolgerungen, da sich bestimmte Ergebnisse immer wieder bestätigten. Ich filterte tatsächlich heraus, wie das Individuum Mensch in bestimmten Situationen gestrickt ist und warum es an seinen einprogrammierten Verhaltensmustern und „Wahrheiten" verbissen festhält. Als ich diese Fakten erkannte war es sehr einfach, Spiele in die richtige Richtung zu entwickeln. Durch diese Erkenntnisse kam ich in der Spielentwicklung sehr schnell voran und hatte Erfolge in allen Marktsegmenten. Als ich verstand, dass mich vor allem die Kenntnisse über psychologische Strukturen und die neusten Erkenntnisse in der Neurologie so schnell voranbrachten, wollte ich noch viel mehr darüber wissen.

Bevor ich nun auf das Kernthema des Buches intensiv eingehen kann, will ich mit Ihnen einen kleinen Teil meines Wissensschatzes teilen. Nehmen Sie sich bitte die Zeit und lesen Sie die folgenden Seiten. Es wird sich lohnen und es hat direkt etwas mit dem Kernthema zu tun, auch wenn es auf den ersten Blick nicht so erscheinen mag. Der erste Blick kann jedoch häufig sehr trügerisch sein. Oft sind es Gedanken, die uns belügen und oft der Schein, der uns betrügt.

Wenn wir ein so tiefgreifendes Thema wie den „Ursprung und die Entwicklung" aller Dinge durchleuchten, dann müssen wir verstehen was es ist, das sich Gedanken darüber macht. Es ist der aus Sternenstaub und Gesetzmäßigkeiten gebildete Organismus, der sich in unserem Sprachraum selbst als Mensch bezeichnet. Sie lächeln nun vielleicht und denken eventuell, dass dies unrelevant für das Ergebnis ist. Glauben Sie mir bitte, wenn ich behaupte, dass es wesentlich für das Ergebnis ist, dass es der Organismus „Mensch" ist, der nach dem „Ursprung und der Entwicklung aller Dinge" sucht. Der Mensch hat bestimmte Denk- und Verhaltensmuster, welche wiederum auf verschiedenen tieferliegenden Gesetzmäßigkeiten beruhen.

Diese menschlichen Strukturen bewirken, dass ein Ergebnis beachtlich beeinflusst wird, wenn sie nicht im Vorfeld berücksichtigt werden.

Betrachten wir uns als Menschen genauer. Wir sind mit einem Gehirn ausgestattet, das nach unserem Verständnis in vielerlei Hinsicht sehr leistungsfähig ist. Ein Schwachpunkt dieses Gehirns ist es jedoch eindeutig, dass es manipuliert und regelrecht mit beinahe beliebigen Inhalten programmieren werden kann. Das bedeutet, dass es auch mit Informationen programmiert werden kann, die der Wahrheit widersprechen, jedoch als wahr angenommen werden. Vielleicht wissen Sie, dass dies so ist? Wenn Sie es noch nicht wissen, werden Sie gleich staunen und verstehen, wie ich das meine.

Haben Sie sich schon einmal die Frage gestellt, warum Menschen in ganz verschiedenen Gegenden dieses noch zauberhaften Planeten an ganz verschiedene Götter glauben, warum sie völlig verschiedene Bräuche pflegen und warum sie in der einen Gesellschaftsform Dinge tun dürfen, die in einer anderen hart bestraft werden? Oft pflegt die eine Menschengruppe auf ganz natürliche Art und Weise Gepflogenheiten, welche eine andere Gruppe als abstoßend, verwerflich, tabu und unverständlich betrachtet.

Warum ist das so?

Die Antwort ist ganz einfach. Es ist alles eine Frage der Programmierung der jeweiligen Gehirne. In verschiedenen Kulturräumen werden die Menschen von Kindheit an anders programmiert. Das Ergebnis sind Menschen mit ganz verschiedenen Überzeugungen und

Weltanschauungen. Die Unterschiede sind oft so drastisch, dass daran ganz deutlich zu erkennen ist, dass Gehirne überwiegend das aufnehmen und als wahr und/oder vertretbar akzeptieren, womit sie programmiert werden. Dies funktioniert solange, bis Widersprüche dabei auftreten. Mit Widersprüchen meine ich neue Beobachtungen oder andere Informationen, welche diesen einprogrammierten Informationen widersprechen.

Beobachtungen und andere Informationen sind ebenfalls eine Art der Programmierung, da wir dabei ebenfalls Input von außen erhalten. Wenn ein Mensch von Kindheit an mit bestimmten Wertvorstellungen und Informationen programmiert wird, dann prägt es diesen Menschen. Wenn das Gehirn eines Menschen im Laufe der Zeit keine widersprüchliche Information bekommt, wird es an der Anfangsinformation festhalten, da es nichts Anderes kennt. Wenn zum Beispiel programmiert wird, dass die Erde eine Scheibe ist und wenn dieses Gehirn niemals andere Informationen in Form von widersprüchlichen Beobachtungen oder Aussagen zu dieser Programmierung bekommt, dann wird es bis zum letzten Tag seiner Funktion genau davon überzeugt sein, dass die Erde eine Scheibe ist. Erst dann, wenn durch andere Informationen starke Zweifel an der bisherigen Programmierung aufkommen, kann sich dieser Zustand verändern.

Astronomisch gesagt: „Das momentane Wissen und die tatsächliche Wahrheit können Lichtjahre voneinander entfernt sein."

Der Status des Urknalls in der Astronomie:

Betrachten wir nun den Status der Urknallthese in den Gesellschaftsräumen, in welchen die Astronomie und Kosmologie „weit" fortgeschritten sind.

Obwohl es noch andere Thesen zur Entstehung und/oder Entwicklung des Universums gibt, ist die Urknallthese noch immer die vorrangig herrschende und die von den Astronomen, Astrophysikern und Kosmologen am weitesten verbreitetste These. Ist dies deshalb so, weil die Urknallthese so fundamental, aussagekräftig und reibungslos die Entwicklung des Universums **ohne offene Fragen** erklären kann?

Nein!

Die Urknallthese wird deshalb so stark vertreten, weil sie bislang relativ gut in ein Gefüge von anderen Postulaten, Hypothesen, Thesen und Theorien passt. Von daher will ich in diesem Buch jene Astronomen, Astrophysiker und Kosmologen auch keineswegs angreifen, welche noch immer an dieser These festhalten. Ab und zu gönne ich mir jedoch einen Witz dazu. Nicht böse sein, Sie dürfen über meine Ansichten ja auch gerne lachen, denn zu lachen ist gesund.

Der Haken an der Sache für Menschen dieser Forschungsgebiete ist, dass Individuen dieser Wissenschaften schnell zu einer Randgruppe gehören, wenn sie eine andere Überlegung verbal lautstark bevorzugen, welche sich noch nicht so gut in das Gefüge der anderen Thesen und so weiter integrieren lässt, jedoch durchaus vorstellbar wäre.

Noch schlimmer wäre es für sie, wenn sie plötzlich öffentlich über ganz neue Ansätze spekulieren würden, welche nach den bisherigen Annahmen weitgehend fundamentlos, jedoch nicht unmöglich wären. Sie wären ausgeschlossen, würden belächelt und dies könnte das berufliche Aus bedeuten.

Fast niemand will das riskieren, da es nicht zu den einprogrammierten Wertvorstellungen unserer Gesellschaft gehört, ein Außenseiter zu sein.

Wer öffentlich bekannt gibt, dass er plötzlich eine andere Ansicht hat, macht sich im Kreise seiner bisherigen Meinungsgenossen schnell unbeliebt und wird im stillen Kämmerlein von Kolleginnen und Kollegen vielleicht sogar als „Spinner" betitelt.

Ein Astrophysiker, Astronom oder Kosmologe hat es somit wesentlich schwerer die Urknallthese als unzutreffend zu betiteln, als ich das habe. Doch jene Gruppe dieser Fachelite

hat noch ein ganz anderes Problem. Die Urknallthese wurde ihnen während ihres ganz speziellen Studiums einprogrammiert.
Sie bekamen gute Noten dafür, wenn sie die Informationen zu dieser These verstanden hatten und wiedergeben konnten.
Die Urknallthese ist wie bereits erwähnt so etwas, wie der Heilige Gral dieser Wissenschaften bezüglich der Entwicklung des Universums.
Ich erwähne dies so ausführlich, weil ich vor dem Beginn dieses Buches im Januar 2009 ein zufälliges Gespräch in einem Lokal in der Nähe des Münchner Hauptbahnhofs hatte, das mir sehr zu denken gab.
Ich saß erst alleine an einem Tisch, als ich plötzlich hörte, wie sich zwei Herren an einem Tisch gegenüber über Astrophysik und Kosmologie unterhielten. Es kam zu den Themen Urknallthese, Spezielle- und Allgemeine Relativitätstheorie und die Möglichkeit der Verknüpfung dieser Theorien mit der Quantenmechanik. Ich konnte mich nicht mehr zurückhalten. Höflich fragte ich, ob ich an der Diskussion teilnehmen dürfte und es wurde mit skeptischen Blicken bewilligt. Ich bekam sehr schnell mit, dass beide Herren beruflich mit Astrophysik zu tun hatten. Ich hörte mir erst die Argumente bezüglich des Urknalls an und brachte dann einen Teil meiner Gegenargumentationen in höflicher Art und Weise vor. Es kam dann zu einer langen

und spannenden Diskussion auf einem sehr angenehmen Level und in einem sauberen Stil.

Letztendlich erfuhr ich, dass es für Astrophysiker und vor allem für Kosmologen in bestimmten beruflichen Situationen beinahe mit Blasphemie vergleichbar wäre, wenn sie öffentlich „ernsthafte" Aussagen gegen die Urknallthese machen würden. Das erschreckte mich dann doch, weil ich zig Argumente gegen diese These habe, die keineswegs fundamentlos sind.

Ich legte danach ein paar meiner eher belanglosen eigenen Ideen dar und die beiden Herren wurden hellhörig. Einer der beiden Herren sah sich dann im Lokal genau um, beugte sich etwas näher zu mir und sagte mit verringerter Lautstärke:

„Viele Astrophysiker und Astronomen wissen, dass die Urknallthese in mancherlei Weise gewaltig hinkt, doch sie ist das beste theoretische Modell, das wir bislang haben."

Er verhielt sich so, als ob er mit dieser Aussage etwas Schlimmes verkündet hätte. Da ich jedoch nicht wusste, in wie weit ich den beiden sehr sympathischen Herren vertrauen konnte, gab ich meine eigene These nicht völlig preis. Mich juckte es zwar regelrecht auf der Zunge dies zu tun, doch ich wollte meinen Wissensschatz vorerst für mich behalten. Das Gespräch machte mir jedoch deutlich, dass diese Astrophysiker tatsächlich

eine gewisse Panik davor hatten es lautstark zuzugeben, dass sie wussten, dass die Urknallthese auch Schwachpunkte hat.
Als Gamedesigner, Buch- und Spielautor habe ich mehr kreativen Raum, wenn ich dieses berufsfremde Thema auseinander nehme und eine Gegenthese anbiete.
Ich habe die Freiheit das zu sagen, was ich ehrlich denke, ohne dass ich berufliche Nachteile befürchten muss. Zudem habe ich keinen Tunnelblick für die Thematik, da ich die Programmierung der tiefprägenden Ausbildung nicht bekommen habe.
Ich kann offen, frech und ohne Ängste an das Thema herangehen. Und wenn ich als Fachfremder dann doch falsch liege, ist es kein Beinbruch, denn ich habe es wenigstens versucht, einen ernstgemeinten neuen Beitrag zu leisten.
Ich ziehe meinen Hut jedoch vor jenen Fachleuten, die auch schon offen im Fernsehen zugaben, dass die Urknallthese noch sehr viele unbeantwortete Fragen hat, denn diese Leute gibt es auch.
Ich will in diesem Buch neue Denkansätze geben und bereits bestehende teilweise unter die Lupe nehmen. Meine Hoffnung ist, dass ich durch meine Modelle und Ansätze den ein oder anderen Spezialisten auf weitere gute und neue Denkansätze bringen werde.
Dass meine Ideen spannend sind und ganz neue Perspektiven eröffnen, bekam ich schon

sehr oft in stundenlangen Diskussionen mit vertrauenswürdigen Menschen bestätigt. Doch waren dies selten Diskussionen mit der Fachwelt, sondern meist mit Hobbykollegen aus dem astronomischen Bereich. Verstehen Sie mich also bitte nicht so, dass ich denke, dass ich der Weisheit letzter Schluss bin. Nein, ganz im Gegenteil. Ich gehe sogar davon aus, dass einige meiner Ansätze absolute Spinnereien sind und gewiss werden Fehler in meinen Denkstrukturen vorkommen. Wie bereits erwähnt gebe ich das zu! Warum auch nicht? Unsere gesamte Menschheitsgeschichte ist durchzogen von Fehlern. Und das keineswegs nur in der Astronomie, Astrophysik und Kosmologie.

Durch das Erkennen von Fehlern und deren Analyse kommen wir zu neuen Lösungen. Doch wenn sich niemand mehr getraut, seine Ideen offen kund zu tun, weil alle Angst davor haben, sie könnten einen Fehler machen und sich blamieren, dann werden alle Ideen in den Köpfen jener Menschen bleiben.

Ich trau mich, ätsch!

Oft müssen Tausend Fehlversuche gemacht werden, bevor ein Experiment gelingt. Doch wenn es gelingt, dann wurde eine Lösung wie es funktioniert gefunden und zudem Neunhundertneunundneunzig Versuche von denen bekannt ist, dass sie nicht zum gewünschten Ergebnis führen. Es wurde viel Erfahrung gesammelt und ein funktionierendes Resultat wurde entdeckt, das nun genutzt werden kann.

Nur ausgeprägter Pragmatismus und innovative Gedankenansätze mit ausreichender Kreativität bringen einem weiter. Wenn dies abschaltet wird, herrscht Stagnation.

Bequemlichkeit spielt dabei natürlich auch eine Rolle.

Wenn etwas völlig Neues erdacht und nachgewiesen wird, muss sich dieses neue Fachwissen jeder vom Fach aneignen, Bücher müssen umgeschrieben werden und die Fachwelt muss sich damit abfinden, dass sie viele Jahre im Dunkeln tappte. Manche Menschen können dies hinnehmen, andere nicht. Meist folgen auf neue Ideen, die nachweisbar sind, Tausende von Skeptikern welche die neuen Erkenntnisse widerlegen wollen, weil es ihnen nicht passt, dass die neue Idee nicht die eigene war. Doch dieser Prozess ist wichtig und gut. Denn auch ein auf den ersten Blick richtiger Ansatz kann natürlich falsch sein. Die Richtigkeit einer Idee ist jedoch im Experiment oder noch besser in der „Realität" zu beweisen. Wenn dies gelingt, dann hat sie so lange Bestand, bis sie ganz oder teilweise widerlegt und umstrukturiert wird.

Meine Stärke ist es, eigene Denkstrukturen in funktionierende Systeme umzuwandeln und daraus oftmals eine Vielzahl von interessanten, kreativen und möglichen Variationen zu entwickeln. Zudem besitze ich die Gabe, beim Betrachten von Systemen, verborgene Regeln und Gesetzmäßigkeiten zu erkennen und zu definieren. Gewiss bin ich diesbezüglich auch Entwickler von Spielsystemen geworden. Doch die Gabe, Systeme bei genauer Betrachtung auf Schwachpunkte und neue Möglichkeiten zu durchleuchten und darin Faktoren zu erkennen, die anderen verborgen bleiben, war für meine Erkenntnisse bezüglich meiner Thesen wesentlich. Ich will hier also analysieren, argumentieren und eigene Ansätze darstellen. Das hört sich nun ganz schön prahlerisch an, doch das macht nichts weiter, als eben das.

<u>Dazu ein Zitat von mir:</u>
Ich habe gerade durch meine hohe Intelligenz und meinen absolut ausgeprägten Scharfsinn in genialer Weise erkannt, dass es mich überhaupt nicht gibt!
Warum?
Nun, weil ich absolut eingebildet bin!

Begeben Sie sich nun bitte mit mir gemeinsam auf eine sehr spannende Reise. Es ist mir eine Ehre, Sie durch eine Welt voller Fragen, Ideen und Geheimnisse begleiten zu dürfen. Ich hoffe, dass ich ein unterhaltsamer Reiseführer für Sie sein werde.

Betrachten wir folgend das Wesen „Mensch" und seine wahrgenommene Umwelt noch etwas genauer, damit wir verstehen, warum es bestimmte Denk- und Verhaltensmuster hat.

Kapitel 2:

Anfang, Ende, Grenzen und Sinnestäuschungen:

Der Mensch wird bislang noch üblicherweise nach einer biologischen Entwicklungsphase aus dem Leib seiner Mutter geboren. Er entsteht also aus etwas. Sein Leben hat einen recht gut definierbaren Anfang.

Der Mensch lebt, verändert sich ständig und nimmt ständige Veränderung wahr. Der Mensch stirbt. Seine ihm bekannte Existenz als menschliche Lebensform endet.

Anfang, Veränderung und Ende sind Begebenheiten, die seit Urzeiten von Menschen beobachtet und wahrgenommen werden konnten und bis zum heutigen Tag hat sich daran nichts geändert. Diese Begebenheiten haben sich regelrecht in das menschliche Hirn einprogrammiert, da sie ständig bewusst und/oder unterbewusst wahrgenommen werden.

Geburt, Veränderung und Tod sind tiefgreifende Ereignisse in allen Kulturen, die ich kenne.

Unser Hirn nimmt diese Informationsmuster als „Wahrheit" an und durch diese Prägung gibt es für uns auf den ersten Blick keine Zweifel, dass **ALLES** einen Anfang und ein Ende in irgendeiner Form haben muss. Die Veränderung oder auch Dynamik ist dabei der Weg, der auf das Ziel – was in diesem Fall das sogenannte Ende des vorherigen Zustandes ist - zusteuert. Der Begriff „Ende" ist dabei nicht als absoluter Stillstand zu verstehen.

Wir beobachten um uns herum durch unsere Sinnesorgane ständig, dass etwas beginnt, sich verändert und wieder „endet".

Einen Anfang und ein Ende haben zum Beispiel:

Die Minute, die Stunde, der Tag, die Nacht, die Woche, der Monat, das Jahr... Verträge, Jahreszeiten, Gespräche, Lebensabschnitte, Ausbildungszeiten, Lieder, Filme, Bücher... Ich könnte damit bestimmt ein Buch füllen, doch ich will es Ihnen ersparen.

Ich will damit verdeutlichen, dass unser Denken von Begriffen wie „Anfang, Veränderung und Ende" <u>sehr stark geprägt ist.</u>

Es scheint für viele von uns klar zu sein, dass alles einen Anfang und ein Ende haben muss, weil es unsere Sinne so wahrnehmen. Dabei ist es wichtig zu wissen, dass andere Lebewesen durch ihre Sinne die Welt ganz anders wahrnehmen. Sie sehen die Welt anders, sie haben einen anderen Geruchssinn, sie hören andere Frequenzen und sie haben teilweise Sinnesorgane wie beispielsweise Wale, Vögel und Fledermäuse, die wir überhaupt nicht besitzen.

Verschiedene Wesen haben also verschiedene Wahrnehmungen von der selben Welt. Wer will nun sagen, welche Wahrnehmungen richtig sind? Sind alle richtig? Sind alle falsch? Natürlich lautet die Antwort, dass es relativ zu betrachten ist.

Eines ist jedoch gewiss, jedes Lebewesen kann die Welt individuell nur so wahrnehmen, wie es seine Sinne erlauben. Der Mensch hat zudem Apparate entwickelt, um seine natürlichen Sinne zu erweitern. Dennoch dürfen wir nie vergessen, dass unsere Gene diese Apparate nicht verinnerlicht haben. Wir können daher individuell diese Apparate nur nutzen, doch sie sind kein biochemischer Teil unserer wahrnehmenden Existenz. In dem Augenblick, in dem wir zum Beispiel ein Elektronenmikroskop oder ein Spiegelteleskop benutzen, nehmen wir das Ergebnis letztendlich wieder mit unseren Sinnesorganen wahr. Wir sehen das, was uns unsere Sinnesorgane ermöglichen, durch diese Apparaturen zu sehen und interpretieren es dann aus unserer eigenen Programmierung heraus. Wenn unsere Programmierung jedoch fehlerhaft ist, können auch falsch gestellte Fragen in Verbindung mit gemachten Beobachtungen zu falschen Antworten führen.

Ein Gedankenspiel:
Nehmen wir an, ich halte vor einem Heuhaufen eine sehr dünne und kurze Nadel in die Luft und zeige sie zwanzig umherstehenden Menschen aus verschiedenen Wissenschaftszweigen. Dann mache ich eine schnelle Wurfbewegung in die Richtung des Heuhaufens mit der Nadel.

**Nun stelle ich die Frage:
„Wo ist die Nadel im Heuhaufen?"**
Alle stürmen los und suchen nun nach der Nadel im Heuhaufen. Doch ich war gemein, denn ich habe die Nadel gar nicht in den Heuhaufen geworfen, sondern nur so getan, als ob. In Wahrheit habe ich die Nadel nach der Wurfbewegung heimlich in meine Hosentasche gesteckt. Autsch! Für alle Beobachter hatte es jedoch den Anschein, als ob ich geworfen hätte und sie suchten, suchten und suchten.
Eine besonders gründliche Sucherin, die bereits jeden Halm exakt umgedreht und darunter gründlich nachgesehen hatte, kommt plötzlich zu mir und sagt, dass die Frage nach dem „WO" nur dann beantwortet werden kann, wenn ich **eine andere Frage** bezüglich des Aufenthaltsortes der Nadel

stelle. Und das so lange, bis die Nadel gefunden wird. Die Sucherin ist sehr schlau! Sie erkennt, dass meine Frage nach dem „WO", begrenzt auf den Heuhaufen, nicht zu beantworten ist.
Sie fordert eine neue Fragestellung!
Meine neue Frage nach dem „WO", beschränke ich nun auf das Volumen meiner Hosentasche.
Andere Sucher, die jedoch davon überzeugt sind, dass ich die Nadel tatsächlich in den Heuhaufen warf, suchen teilweise dort weiter. Andere meinen, dass die Nadel in einem Paralleluniversum gelandet sei und sie bringen mir die verschiedensten Formeln für einen wahrscheinlichen Aufenthaltsort der Nadel in anderen Dimensionen und Multiversen.
Die Sucherin, welche **nach einer neuen Fragestellung verlangte**, findet die Nadel sofort in meiner Hosentasche. Die neue Fragestellung, mit der neuen Ortsangabe für die Suche, führte somit zum gewünschten Ergebnis. Die falsche Fragestellung jedoch nicht, da sie mit einem trügerischen Schein verbunden war. Bezüglich meiner ersten Frage sind alle auf eine Sinnestäuschung hereingefallen, indem sie davon überzeugt waren, dass ich die Nadel tatsächlich in den Heuhaufen warf. **Die Fehlinterpretation einer Beobachtung führte somit zu falschen Ergebnissen und Vermutungen.**
Nur eine logisch analysierende Sucherin kam

zur richtigen Schlussfolgerung und durch eine neue Frage letztendlich auch zur richtigen Antwort.

Sinnestäuschungen:
Die Informationen für die Wahrnehmung von einem Anfang, einem Ende und vielen anderen Eindrücken erhalten wir über die Augen, Ohren, den Geschmacks-, Geruchs- und den Tastsinn. Dass die menschlichen Sinne sehr leicht zu täuschen sind, will ich an ein paar bekannten Beispielen darstellen.

Ein guter Zauberer kann uns sehr viel vorgaukeln und wir denken oft für einige Zeit, dass er diese Illusion tatsächlich als etwas Wahrhaftiges vorgeführt hat. Dieser Eindruck besteht so lange, bis uns jemand den entsprechenden Trick erklärt.

Von dem großen Illusionisten David Copperfield wurde sogar lautstark von einigen Leuten behauptet, dass er ein Außerirdischer sei. Na dann...

Ein paar andere Beispiele:
Wenn ein Mensch in Hypnose ist, kann ihm zum Beispiel Milch zum Trinken gegeben werden. Suggeriert wird ihm nun, dass es Orangensaft ist. Schmecken wird er dann ab einer bestimmten Suggestionstiefe einen Orangensaft, obwohl er tatsächlich pure Milch trinkt.

Unter Hypnose können Gerüche und Geschmäcke ebenso anders wahrgenommen werden, wie auch beispielsweise Empfindungen wie Hitze, Kälte und Gewicht.
Dies hat mit dem Unterbewusstsein und den darin abrufbaren und programmierbaren Informationen im hypnotischen Zustand zu tun. Im hypnotischen Zustand ist der Zugriff auf das Unterbewusstsein geöffnet. So wie es scheint, werden in diesem Zustand Informationen jeder Art, die ein Mensch durch Suggestion aufnimmt, als wahr angenommen und auch durch körpereigene Reaktionen so interpretiert. Wichtig dabei ist jedoch einzig, dass wir absolut irregeführt werden können und doch von der Realität des Orangensafts in unserem Mund überzeugt sind, obwohl wir Milch zu trinken bekommen.
Ob das auch mit Wasser und Wein funktioniert?

Kennen Sie das Phänomen, dass Sie aus einiger Entfernung ganz sicher sind, dass die Person vor Ihnen die Person X ist und wenn die Person näher kommt erkennen Sie plötzlich, dass die Ähnlichkeit nur gering ist und dass Sie sich nur an bestimmten Merkmalen orientiert haben? Das ist mir schon öfter passiert.
Haben Sie schon einmal von Virtueller - Realität gehört? Über verschiedene Signale, die

über das Auge und andere Körperpunkte in elektrische Signale umgewandelt werden, wird dabei dem Gehirn eine Welt vorgegaukelt, die in diesem Moment zu einer Realität in diesem Wahrnehmungs- und Informationsinterpretationsapparat –> Gehirn wird. Durch diese Technik kann beispielsweise das Virtuelle - Fliegen, das Bergeerklimmen, das Schwimmen, das Gehen durch Feuer, das Laufen über ein Hochseil und so weiter derartig realitätsnah vorgegaukelt werden, dass Menschen diese Virtuellen - Bilder häufig mit so starken Körperreaktionen verbinden, wie es in ihrer Alltagsrealität ebenfalls der Fall wäre. Die Wahrnehmung der empfangenen Signale im menschlichen Gehirn erscheint so real, dass sie zum Beispiel dazu verwendet wird, um Menschen von Phobien wie beispielsweise Höhenangst oder Angst in engen Räumen zu heilen.

Wir können allen möglichen Täuschungen unterliegen, das ist Fakt.

Je länger und tiefer wir von etwas überzeugt sind, desto schwerer können wir uns im „Normalzustand" von dieser Überzeugung lösen.

Wichtig dabei ist, dass sich solche Täuschungen genau wie Experimente, die als Beweis für eine bestehende Wahrheit hergenommen werden, immer wieder beliebig oft wiederholen lassen.

Wiederholbare wissenschaftliche Experimente haben jedoch nur so lange den Anschein von „Wahrheit", bis sie durch ein anderes Experiment oder durch stichhaltige Fakten widerlegt werden.

Wenn ein Gehirn ab dem Beginn seiner Existenz nur mit elektrischen Reizen aus einer Virtuellen - Realität gefüttert würde, dann wäre diese Welt für dieses Gehirn bis zu seiner Zerstörung die Realität, da es keine andere kennt. Es wäre sogar so, dass dieses Hirn das, was wir als Realität bezeichnen, als Fälschung annehmen würde.

Letztendlich ist jedwede Wahrnehmung ein komplizierter Prozess, bei dem elektromagnetische Signale über biochemische Prozesse zu Sinneseindrücken umgewandelt werden. Dieser Prozess ist heute noch keineswegs völlig verstanden. Das sogenannte Bewusstsein scheint mit dem, was als virtuell bezeichnet wird, jedoch mehr gemeinsam zu haben, als so manchem Wissenschaftler recht ist.

Was das mit dem Urknall und meiner eigenen These zu tun hat, werden Sie natürlich noch erfahren.

Wir alle wurden in eine Welt hineingeboren, in der es auch Grenzen gibt. Sei es die Grenze unseres Verstandes, unseres Zimmers, eines Hauses, eines Grundstücks, einer Stadt, eines Staates oder Bundeslandes, eines Landes, eines Kontinents, unserer Atmosphäre, der optischen Möglichkeiten das „Universum" zu überblicken oder die Grenze unserer finanziellen Möglichkeiten ... Grenzen, Grenzen und nochmals Grenzen. Alles scheint auf den ersten Blick irgendwie begrenzt zu sein. Nun stellen Sie sich vielleicht die Frage, warum ich das hier erwähne. Es ist wichtig, dass ich Ihnen dies gerade jetzt in Ihr Bewusstsein rufe, damit Sie den weiteren Ausführungen folgen können, denn daran ist mir in Ihrem Sinne sehr viel gelegen.
Diese ganzen Sinneseindrücke haben uns seit jeher tief geprägt.

Anfänge, Enden und Grenzen sind Sinneseindrücke, die uns inne sind.

Es sind in uns einprogrammierte „Wahrheiten". Solche Prägungen bewirken, dass wir andere Ansichten, als die bereits eingeprägten, nur noch wage verstehen oder akzeptieren können. Was tief in einem verankert und einprogrammiert ist, das sitzt! Ja,

das Leben prägt und wenn man nicht aufpasst, wird man falsch geprägt.
Kennen Sie den Spruch: „Du schaust gerade wie Falschgeld."? Oft schauen Menschen in Situationen so, in denen sie etwas widerlegt bekommen, das sie schon immer für wahr hielten. Falsche Prägung = Falschgeld
Plötzlich eine andere Erkenntnis zu bekommen, eine neue Sicht der Dinge, das kann einem einen unheimlichen Effekt bescheren, der beinahe mit einer Art von Erleuchtung vergleichbar ist. Doch dazu muss viel geschehen, damit ein Mensch von solch alten Prägungen absieht und sich dazu öffnet, eine neue Sichtweise zu durchdenken und zu verstehen.
Es gibt so einen schönen dialektischen Spruch der da heißt:
„Was der Bauer net kennt, des frisst er net."
Ja, so ähnlich ist das bei alten, eingefressenen und einprogrammierten „Wahrheiten" auch. Warum sich auf etwas Neues einlassen, wenn das Alte bislang für den verwendeten Zweck taugte? Die Antwort darauf will ich Ihnen nicht schuldig bleiben.

Das Neue kann Sie unheimlich bereichern, wenn es besser als das Alte ist.

Mir erzählte vor vielen Jahren ein Arbeitskollege eine wundervolle Geschichte. Sie handelte von einem Physikprofessor, der zu einem Zen – Meister nach China flog. Er hatte einige Texte über Zen gelesen und wollte verstehen, was Zen ist. Alles was der Physikprofessor darüber bislang erfuhr verwirrte ihn und vieles widersprach gänzlich seiner Vorstellung von der Welt, so wie er sie als Physiker sah.

Als er in China ankam und sich mit dem Zen - Meister in englischer Sprache unterhielt sagte er ihm in Kurzfassung, was er beruflich macht, wie er die Welt sieht und dass er gerne verstehen würde, was es mit Zen auf sich hat. Dann bombardierte er den Meister mit Fragen nach dem praktischen Zweck, nach den Geheimnissen, Theorien und Formeln des Zen.

Der Meister hörte nur zu, nahm währenddessen eine Teetasse, goss langsam Tee hinein und der Professor sah, dass die Tasse plötzlich voll war und überlief.

Da rief der Professor panisch:

„Meister, die Tasse ist voll!"

Der Meister schüttete darauf die Tasse ganz aus und sagte in aller Ruhe:

„Leere nun deine eigene Tasse, sie ist auch voll."

Was wollte der Zen – Meister dem Physikprofessor mitteilen? Nun, die Antwort ist einfach. Das Hirn des Professors war bis zum Überlaufen mit Physik und der damit verbundenen Weltanschauung gefüllt. Zahlen, Formeln und so weiter dominierten ALLES. Es gab da keinen Platz mehr für Zen. Nur, wenn er es schaffen würde, seine eigene „Tasse" zu leeren, wäre wieder Platz für ein gänzlich neues Verständnis vorhanden. Wenn der Kopf voll mit einprogrammierten Ansichten ist, ist kein Platz mehr für völlig neue Ansichten vorhanden. Es würden Konflikte entstehen, da der Physikprofessor sofort unterbewusst jede Information über Zen mit dem Inhalt seiner Tasse, also mit Physik, vergleichen würde. Dies würde jedoch nicht zusammenpassen und gäbe extreme gedankliche Konflikte.

Wenn Sie das Gefühl haben, dass Ihre Tasse bis zum Überlaufen gefüllt ist, dann leeren Sie nun bitte Ihre Tasse. Öffnen Sie sich für völlig neue Denkansätze. Lassen Sie sich von mir in eine Welt entführen, die Ihnen bisher mit hoher Wahrscheinlichkeit verschlossen war.

Kapitel 3:

Die Schwachstellen der Urknallthese:

Der Urknall beschreibt nach der modernen Kosmologie den Beginn und die Entwicklung des Universums. Es gab keine Zeit davor! Manche Wissenschaftler gehen dabei davon aus, dass vor ca. 13,7 Milliarden Jahren ALLES, was wir heute beobachten können und darüber hinaus, auf einen winzigen formalen Punkt, welcher durch Extrapolation erreicht wird, konzentriert war. Ein Punkt, kein Volumen!

Ich muss an dieser Stelle etwas erwähnen. Wenn die Unschärferelation des deutschen Physikers Werner Heisenberg angewendet wird, dann kann die angenommene Urknallsingularität kein Punkt gewesen sein. Das Ergebnis wäre eine Fläche aus einer Art Quanten- und Zeitgewebe. Andere Formen wären diesbezüglich auch denkbar, jedoch kein Punkt. So verstehe ich das zumindest. Und wenn ich logisch exakt arbeiten will, was mein Ziel ist, dann muss ich auch noch die Quantenfeldfluktuationen berücksichtigen, welche sich in jedwedem System nach der Quantentheorie ereignen. Somit würde die „Fläche" sofort eine dreidimensionale „Gestalt" annehmen. Auf die Unschärferelation und die Quantenmechanik werde ich in diesem Buch jedoch teilweise gesondert eingehen. Ich will es aus Gründen der Ordnung an dieser Stelle jedoch nicht unerwähnt lassen. Gerade aus dem Grund, weil in allen mir bekannten Büchern von einem formalen Punkt als Urknallanfangsstadium die Rede ist. Da es in den Büchern jedoch steht, gehe ich weiterhin von dieser Punktbehauptung aus. Ich halte sie jedoch für den falschen Ansatz. Ich beschreibe folgend die überwiegende Lehrmeinung **und noch nicht das, was ich dazu erarbeitet habe.** Keine Sorge, das kommt noch.

<u>Weiter mit dem Urknall:</u>
Dieser Punkt ohne Volumen besaß eine unvorstellbar hohe Dichte und Temperatur. Die uns heute bekannten Naturgesetze waren laut dieser These nicht gültig. Diese Behauptung, dass unsere heutigen Naturgesetze noch nicht galten, ist ein ganz wesentlicher Teil dieser These. **Dies muss behauptet werden**, denn ohne diese Behauptung würde die These sofort zusammenbrechen. Vergessen werden darf dabei nicht, dass Extrapolation in diesem Fall als Bestimmung eines mathematischen Verhaltens, <u>über den gesicherten Bereich hinaus</u>, verstanden werden muss! Da wackelt die These bereits gewaltig.
Das gesamte Fundament dieser These beruhte also einzig und allein seit ihrer Entstehung auf einer Vermutung und bodenlosen Be-

hauptung, die jedoch immer wieder so „gepredigt" wurde und heute noch gepredigt wird, als ob sie die Wahrheit wäre.
Was daraus resultierte ist erschreckend!

Anhand der Vermutung, dass die uns heute bekannten Naturgesetze noch nicht herrschten, wurden fortfolgend alle Beobachtungen, die auch <u>nur vom Ansatz her</u> auf einen Ursprung hindeuteten - so gebogen und formuliert, - dass sie zu dieser Grund<u>annahme</u> passten.

Ist das ordentliche Wissenschaft?
Es wurde dabei nicht benannt, welche Gesetze alternativ zu den uns heute bekannten Naturgesetzen herrschten. Es wurde einfach behauptet, dass die uns bekannten nicht herrschten. Warum? Ganz einfach, würde der Urknall mit den bekannten Naturgesetzen beschrieben werden, dann müsste diese These sofort in den Ofen geworfen werden. Na gut, dann hätte sie wenigstens noch einen Heizwert.

Ja, das ist frech, ich weiß. Doch nach meiner Ansicht ist die Urknallthese ebenfalls etwas, das ich individuell als Frechheit empfinde. Zumindest den Fakt, dass sie heute noch von vielen Wissenschaftlern anerkannt und in den entsprechenden Bildungszentren gelehrt wird.

Dieser unendlich winzige, dichte und heiße Urzustand wird also als mathematisch hergeleitete Singularität in den meisten mir jemals untergekommenen Veröffentlichungen bezeichnet, die ich im Einzelnen nicht mehr benennen kann.

Jeder ordentliche Mathematiker und Physiker gibt zu, dass eine Singularität immer ein Anzeichen dafür ist, dass etwas nicht verstanden wurde!

Das Universum hatte nach dieser These in seiner absoluten Anfangsphase keinerlei Ausdehnung. Innerhalb dieses Punktes ohne Ausdehnung und mit unendlicher Dichte und unendlich hoher Temperatur soll es dann durch bislang nicht verstandene Quantengravitationswirkungen zur Entstehung von Raum, Zeit, Materie, Antimaterie und den uns heute bekannten Naturgesetzen gekommen sein. Diese sollen sich von einer mysteriösen Urkraft abgespalten haben.

Hört, hört!?

Erwähnte ich, dass ich auch sehr gerne Märchen schreibe? Dann bin ich bei solchen Behauptungen genau beim Thema.

Um es exakt zu formulieren ist der Auslöser für den Urknall und den tatsächlich vermuteten Vorgang völlig unbekannt. Es gibt nur verschiedene Spekulationen dazu, die keinen Lösungsansatz von faktischem Wert bieten.
Nach dieser These gab es die Sekunde vor dem Ereignis und den Raum noch nicht. Alles brach aus dieser Singularität hervor. Ich wiederhole. Hört, hört!? Bitte halten Sie nicht alles Gehörte für die Wahrheit!
Mathematisch kann viel hergeleitet werden. Doch manchmal ist eben eine Formelsammlung nicht tauglich, um eine Knospe zum Blühen zu bringen.
Auf den mathematischen Zustand dieser Singularität kommt man durch die Friedmann-Gleichungen. Albert Einstein ging von einem statischen Universum aus. Um seine Annahme zu untermauern, musste er in seinen Formeln jedoch eine (komische) Kosmische – Konstante einbauen. Diese Konstante war schlicht gesagt ein Zahlenwert, der die Annahme eines statischen Universums plausibel

erscheinen ließ. Ohne diesen Wert in Einsteins Feldgleichungen wäre ein statisches Universum nicht möglich. Es würde sich entweder zusammenziehen oder ausdehnen. Dieser genutzte Wert war jedoch nicht beweisbar, sondern einfach notwendig, um ein statisches Modell zu erzwingen.

So nach dem Motto: Mein angestrebtes Ziel ist 10. Ich habe aber nur 5 + 4 und da dies nicht 10 ergibt, muss ich eben + 1 theoretisch hinzufügen, damit ich meine angestrebte Summe von 10 erhalte. Nur, um es grob darzustellen.

Der russische Mathematiker und Astronom Alexander Alexandrowitsch Friedmann war mit diesem statischen Modell jedoch nicht einverstanden. Er setzte die Kosmische – Konstante in seinen Gleichungen, die ihrerseits auf Formeln von Albert Einstein beruhen, einfach auf Null. Danach stellte er fest, dass das Universum nicht statisch ist, so wie Albert Einstein es annahm.

Anhand der Gleichungen kam Friedmann zu dem Schluss, dass ein geringer Impuls genüge, damit sich das Universum ausdehnt oder zusammenzieht.

Letztendlich kam er zu drei verschiedenen theoretischen Modellen des Universums.

Für die weitere Entwicklung des Universums entstehen durch diese Formeln unter einer jeweils angenommenen Energiedichte des Universums die folgenden drei Möglichkeiten:

Möglichkeit Nr. 1:
Die Gravitationswirkung bremst die Expansion ab, bringt sie jedoch nicht zum Stillstand. Demzufolge müsste sich das Universum irgendwann mit einer gemächlichen aber konstanten Geschwindigkeit immer weiter ausbreiten.
Hm, irgendwann müsste jedoch nach meinem Verständnis die Energie für eine Expansion zuende sein, wenn von einer begrenzten Energiemenge ausgegangen wird. Und das muss getan werden, wenn das Urknallmodell ernst genommen werden will.
Dabei kommt der 1. Satz der Thermodynamik bezüglich der Energieerhaltung zur Geltung. Ich gehe später tiefer darauf ein.

Möglichkeit Nr. 2:
Die Gravitationswirkung bremst die Expansion ab, bringt sie zum Stillstand und kehrt die Expansionsrichtung letztendlich um.
Es käme somit erneut zu einer spekulativen Singularität.
Einige Wissenschaftler gehen daher von einem pulsierenden Universum aus.
Wenn einige wesentliche Faktoren einfach ignoriert werden, dann ist diese Idee gar nicht so weit hergeholt.
Ich persönlich will wesentliche Faktoren nicht ignorieren, darum halte ich auch dieses Modell für falsch.

Möglichkeit Nr. 3:
Die Expansionsgeschwindigkeit nimmt ständig zu und die Materie wird irgendwann ab einem kritischen Punkt quasi auseinandergestreckt, beziehungsweise gerissen.
Irgendwann wäre jedoch alles völlig „zerrissen" und dann gäbe es erneut das selbe Problem, wie beim 1. Modell. Es gäbe für eine weitere Expansion keine Energie mehr. Was dann also folgen würde, liegt wieder im Bereich der Spekulation.

Ganz egal, welches dieser drei Szenarien hergenommen wird, es gibt immer Probleme mit der Logik.

1.) Was war denn zuvor dort, wohin sich das Universum ausdehnt?
2.) Was bleibt in jenen Zonen zurück, aus denen sich das Universum zusammenzieht?
3.) Woher soll die Energie stammen, welche eine ständige Expansion erzeugt? Und so weiter.

Zurück zum Urknall:
Der geistige Schöpfer der ursprünglichen Urknallhypothese war Abbè Georges Lemaitre, der Theologe, Priester und Astrophysiker war. Er schrieb bereits 1927 auf der Grundlage von Friedmanns Berechnungen und seiner eigenen Beobachtungen und Gedankenansät-

ze nieder, dass das Universum einen Ursprung haben muss und dass es sich als Ergebnis von einem Etwas, das diesen Ursprung hervorgerufen hatte, als Ganzes ausdehne.

Aufgrund von Beobachtungen der räumlichen Verteilung anderer Galaxien, sowie ihrer im Spektrum nachgewiesenen Rotverschiebung, welche der amerikanische Astronom Edwin Hubble entdeckte, verhärtete Lemaitre seine damalige Hypothese.

Die Rotverschiebung beschreibt das Phänomen, dass die Spektra der Lichtstrahlen, deren Quelle sich zum Beobachtungspunkt hinbewegt, nach violett (blau) tendieren. Die Spektra der Lichtstrahlen, deren Quelle sich vom Beobachtungspunkt hinweg bewegen, tendieren dagegen nach rot. Die elektromagnetischen Wellen des Lichts verschieben sich ins rote Spektrum, wenn sich eine beobachtete Lichtquelle von einem wegbewegt und <u>wenn keine anderen Faktoren diesen Vorgang der Farbspektrenveränderung beeinflussen.</u>

Diese anderen Faktoren werden noch wesentlich für meine These sein.

Je schneller die Entfernungsgeschwindigkeit der Quelle wird, oder relativ dazu die eigene

Entfernung von der Quelle weg, desto höher wird die messbare Rotverschiebung. Die Lichtwellen werden dadurch „gestreckt". Wenn sich eine Lichtquelle hingegen auf mich zu bewegt, oder wenn ich mich selbst auf die Lichtquelle zu bewege, werden die messbaren elektromagnetischen Wellen „gestaucht" und tendieren in das violette Spektrum und werden zunehmend blauer, je höher die Näherungsgeschwindigkeit der Lichtquelle ist.

Selbiges gilt auch dann, wenn Lichtquellen und Bezugspunkte sich räumlich **beiderseits** nähern oder entfernen.

Da eine Rotverschiebung bei den meisten beobachteten Galaxien der Fall war, ging Lemaitre von einem räumlichen Zusammenhang bei der Entfernung dieser Galaxien aus.

Die Rotverschiebung kann jedoch auch ganz andere Ursachen haben!

Wichtig ist es dabei zu betonen, dass Lemaitre also nicht annahm, dass sich die Galaxien durch eine Eigenbewegung voneinander wegbewegen, wie etwa Raketen mit einer Eigenbewegung durch einen Antrieb. Nein, er betonte seine Ansicht, dass das gesamte Universum und somit der interstellare Raum selbst expandiert. Diese Darlegung wird jedoch sehr häufig fälschlicherweise dem Astronomen Edwin Hubble zugeschrieben.

Hubbles Veröffentlichung zum Thema der Rotverschiebung und der zunehmenden Fliehgeschwindigkeit von weit entfernten Galaxien erfolgte erst 1929. Darin steht jedoch kein Wort über eine Gesamtexpansion des Weltalls bezüglich des Raums. Edwin Hubble stellte einen linearen Zusammenhang zwischen der Rotverschiebung und der Verteilung extragalaktischer Galaxien fest.

Er hatte noch jedoch keine definitive Erklärung dafür. Er schlussfolgerte ganz simpel gesagt durch seine Beobachtungen, dass die meisten der weit entfernten Galaxien sich von seinem Beobachtungspunkt wegbewegen und je weiter sie weg waren, desto weiter war ihr ausgesandtes Licht in das rote Spektrum verschoben.

Hubble stellte jedoch nicht die Behauptung auf, dass diese Galaxienentfernung durch eine Dehnung des Raums selbst in jedwede Richtung von jedwedem Raumpunkt ausgelöst wurde, wie Lemaitre es annahm. Das kann in keiner von Hubbles veröffentlichten Publikationen gelesen werden. Zumindest kenne ich keine solche Veröffentlichung von ihm.

Wer seine weiteren Publikationen betrachtet bekommt sogar den Eindruck, dass er persönlich niemals von einer Gesamtausdehnung des Universums überzeugt war. Auch zu und nach der Zeit nicht, als er Lemaitres damalige Hypothese bereits kannte.

Lemaitre ging bei seinen Beobachtungen davon aus, dass die Expansion einen Ursprungspunkt gehabt haben müsse und bezeichnete diesen als eine Art „Uratom".

Der Grundgedanke war:

„Wenn alles auseinanderdriftet, dann muss es irgendwann ganz dicht zusammen gewesen sein."

Er ging dabei bereits von einer mathematischen Singularität als Ursprungspunkt aus, da auch die Friedmanngleichungen diesen Schluss erlaubten.

Der englische Name für den Urknall -> „Big Bang" genannt, entstand durch den britischen Astronom und Mathematiker Sir Fred Hoyle, welcher einer der vielen Kritiker dieser damaligen Hypothese war. Mit diesem Namen wollte Sir Fred Hoyle dem Urknall einen spöttischen Namen verleihen.

Allein die Formeln von Friedmann und die Schlussfolgerungen und Beobachtungen von Lemaitre fanden in der Fachwelt vorerst kaum Beachtung. Dies änderte sich erst im Jahre 1929 als auch Edwin Hubble seine Beobachtungen veröffentlichte. Die Ideen von Lemaitre setzten sich schließlich durch und entwickelten sich im Laufe der Jahre zu dem, was heute noch als Urknall oder Big Bang bezeichnet wird.

Nun, wenn ich diese Ideen und Schlussfolgerungen so auf den ersten Blick betrachte, erscheinen sie keineswegs weit hergeholt und ich kann durchaus nachvollziehen, dass Lemaitre zu diesem Ergebnis kam.

Dass jedoch so viele der **heutigen** Kosmologen, Astronomen und Astrophysiker noch an dieser Idee festhalten, ist mir persönlich fast unheimlich.

Sobald ich viel tiefer denke und um so mehr physikalische und logische Aspekte und Erkenntnisse ich mit einbeziehe, desto mehr kommen gewaltige Widersprüche und viele ungeklärte Fragen auf, welche dieses Gedankenmodell über die Entwicklung des Universums durch einen Urknall einstürzen lassen.

Ausführlicher will ich diese Kurzgeschichte bis zum dem Zeitpunkt, als der Urknall von der Wissenschaft als führende These angenommen wurde, gar nicht erläutern. Ich will es bewusst vermeiden, in diesem Buch zu viele Namen, Fachexpertenbegriffe und Formeln zu verwenden. Dies will ich deshalb vermeiden, weil ich Ihr Gehirn nicht mit Fachausdrücken, Formeln, Hypothesen, Thesen und Theorien zuschütten will, die zum großen Teil auf anderen beruhen und diese wiederum auf anderen.

Ich persönlich mag keine Bücher, die nur Menschen verstehen können, welche sich seit Jahrzehnten mit einem speziellen Thema intensiv beschäftigen. Jeder Mensch hat seinen Fach- oder Hobbybereich, in dem es spezielle Begriffe gibt.

Als Gamedesigner weiß ich, wovon ich hier spreche, denn fast kein Fachfremder versteht den fachinternen Kauderwelsch aus dem Gamedesign.

Mir ist sehr daran gelegen, dass jeder mit einem gesunden Menschenverstand, einer durchschnittlichen Allgemeinbildung und etwas Basiswissen zu den Kernthemen der Kosmologie und Astronomie dieses Buch verstehen und in Ruhe lesen kann.

Wenn ich persönlich ein Buch lese, in dem ich nach wenigen Seiten nur noch unbekannte Begriffe und unverständliche Formeln finde, dann will ich es nicht mehr lesen.

Ich bin davon überzeugt, dass viele sachliche Inhalte auch gut verständlich, ohne zu viel fachspezifischen Wirrwarr, dargelegt werden können.

Wenn ich zum Beispiel eine Spielregel oder eine Gebrauchsanleitung schreibe, ist dafür ebenfalls eine allgemeinverständliche Sprache notwendig. Wenn ich dieses Ziel nicht erreiche, dann erreiche ich auch nicht, dass der Kern verstanden wird. Ich hätte dann einfach gesagt - gemurkst.

Auch Textwiederholungen bestimmter Themeninhalte können zu einem tieferen Verständnis führen. Darum wiederhole ich manche Punkte auch mehrmals in sehr ähnlicher Weise, wie Sie bereits merkten. Nehmen Sie mir das bitte nicht krumm. Manche haben mehr, andere weniger Basiswissen. Jene mit weniger Basiswissen werden Wiederholungen zur Informationsvertiefung nutzen können.

Bevor ich nun die Urknallthese Stück für Stück durchleuchten werde, will ich nochmals kurz auf meinen Beruf als Spielautor und Gamedesigner eingehen, damit Sie verstehen, warum ich zu den danach folgenden Resultaten kam.

Logik:

Das wichtigste Werkzeug, bei der Entwicklung eines taktischen und/oder strategischen Spiels, ist die Logik. Wer nicht über eine sehr ausgeprägte und weitreichende Logik verfügt, wird bei solch einer Spielentwicklung massenweise Fehler machen.

Warum? Nun, Strategien und/oder Taktiken in Spielen beruhen auf der Gesetzmäßigkeit, dass es je nach der Anzahl von verschiedenen oder auch gleichen Figuren und Spielfeldern zig Variationen von möglichen Stellungen, Spielzügen und Vorgehensweisen gibt, die alle fehlerlos miteinander harmonieren müssen.

Es darf keine Situation geben, in der das Spiel zusammenbricht. Dies kann dann passieren, wenn der Entwickler die Möglichkeiten aller Spielfaktoren nicht logisch berücksichtigt und durchdacht hat.

Eine solche Situation kann sich zum Beispiel so darstellen, dass kein Spieler einen weiteren Zug machen kann, weil sich die Stellung durch einen Logikfehler in der Spielregel festgefahren hat.

Es kann auch der Fall sein, dass durch einen Denkfehler in der Logik immer der Spieler gewinnen kann, der anfängt - oder andersrum.

Ebenso gibt es oftmals das Problem, dass das geplante Spielziel nicht mehr erreicht werden kann, wenn die Logik zusammenbricht.

Wichtig ist es darum im Vorfeld, dass solche Situationen im Gesamten erkannt, gründlich durchdacht, durchgespielt und letztendlich vermieden werden.

Wenn sich unstimmige Situationen nur in bestimmten Stellungen ergeben, kann ich als Entwickler dafür logische Regeln erstellen, die in das Gesamtgefüge des Spiels reibungslos passen, damit die Spieler in solchen Situationen wissen, wie sie dann vorgehen können.

Wichtig ist es jedoch, dass ich als Entwickler die Möglichkeiten für solche Situationen erkenne, analysiere und schlüssige Lösungen dafür finde, oder bestimmte Elemente durch andere passend und stiltreu ersetze.

Das Erkennen aller Eventualitäten eines Systems und das gezielte Ausmerzen von Unstimmigkeiten ist eine der grundlegenden Tätigkeiten eines Spielentwicklers.

Je umfangsreicher die verschiedenen Faktoren sind, welche reibungslos ineinander greifen müssen, desto komplexer wird der Entwicklungsprozess.
Ohne ausgeprägte und gut trainierte Logik ist jeder Entwickler dabei hilflos verloren.
Bei der Urknallthese wurde da nach meiner Ansicht zwar sehr weit, jedoch nicht weit genug gedacht. Zudem wurden viele äußerst wichtige Aspekte einfach nicht berücksichtigt. Eine tiefgreifende Logik, die menschliche Psyche, Physiologie, offene Fragen und andere Erklärungsmöglichkeiten für beobachtete Phänomene wurden ignoriert. Was nicht erklärt werden konnte, wurde mit der Zeit einfach von vielen so hingenommen, schöndiskutiert und gar passend hingeschmiedet. Von vielen anderen Zeitgeistern jedoch nicht. Würde ich so meine Spiele entwickeln, wie die Urknallthese entwickelt wurde, dann hät-

te ich noch niemals ein Spiel vermarktet, das ist gewiss.

Kehren wir nun konzentriert zur Urknallthese zurück und durchleuchten wir sie mit Logik.

Ich will nochmals wiederholen, dass beim Urknall einfach davon ausgegangen wird, dass es davor keine Zeit, keinen Raum, keine der bekannten Naturgesetze und keine Materie gab! Diese These besagt, dass Zeit, Raum, Naturgesetze und Materie erst mit dem Urknall und im Verlauf seiner Weiterentwicklung entstanden. Ein Davor gab es noch nicht.

So, so!?

Es gab noch keine Zeit:

Betrachten wir zuerst die Behauptung, dass es vor dem Urknall noch keine Zeit gab. Wenn es vor der Singularität nichts gab, dann war dies ein sogenanntes philosophisches Nichts und kein physikalisches.

Wenn es die Singularität jedoch nicht gab, dann muss es so verstanden werden, dass sie plötzlich aus einem philosophischen Nichts ohne jedwede Wirkung entstanden ist. Wo absolut nichts ist, da kann nichts wirken. Wo etwas wirkt, gibt es Zeit, Raum und Energie.

Eine Singularität benötigt jedoch ein Davor, damit sie zu einer Singularität werden konnte. Wie bereits erwähnt, weiß jeder ordentliche Physiker und Mathematiker, dass aus Formeln hergeleitete Singularitäten immer ein deutlicher Hinweis darauf sind, dass etwas gewaltig vermurkst wurde und genau von solch einer Singularität sprechen wir hier. Sie entstand auf dem Papier anhand von Formeln. Und ihr Ausgangspunkt ist ein philosophisches Nichts. Wäre der Ausgangspunkt ein physikalisches Nichts, dann würden sofort so viele Probleme auftauchen, dass allein die Fortsetzung der Idee, aus logischer Sicht, völlig undiskutabel wäre.

Ich will auf das philosophische Nichts an dieser Stelle etwas genauer eingehen.
Den Philosophen unter Ihnen wird bewusst sein, dass dies ein sehr umfangsreiches Thema berührt, welches eines eigenen dicken Buches mehr als würdig ist.
Ich versuche mich bezüglich des Urknalls als Entwicklungsausgangspunkt des Universums, in bezug auf das philosophische Nichts, so kurz wie möglich zu fassen und erstelle eine eigene These dazu.
Ein philosophisches Nichts, <u>als Information,</u> ist lediglich ein Konstrukt von einem Bewusstsein und dem damit verbundenen Gedankenfluss. Es kann ohne Bewusstsein und Gedankenfluss nicht, <u>als Information,</u> definiert werden. Ich gehe sogar so weit und behaupte, dass das philosophische Nichts nicht gedacht und nicht definiert werden

kann, ohne dass es der Absicht der gedanklichen Definition widerspricht, da es bereits im Ansatz eines Gedankens darüber zu einer Information wird. Alles, was darüber gedacht, gesagt und/oder geschrieben wird, macht das philosophische Nichts zu einer Information. Somit ist es kein philosophisches Nichts mehr und wird zu **ETWAS**.
Schlussfolgernd müsste der Entwicklungsfaktor für die Entwicklungsvoraussetzung des Universums **ETWAS** sein, das nicht gedacht werden darf und bereits im Ansatz eines Gedankens darüber zu **ETWAS** würde.
Damit kommen wir meiner eigenen These ein ganzes Stück näher. Doch den Kernpunkt trifft es noch nicht ganz.
Das, was wir durch unsere Sinne über die Umwandlung von elektrischen Signalen in unseren Hirnen wahrnehmen können - **ist eine seiende Natur**, die in unseren Hirnen als solche dargeboten wird. Dabei ist es völlig egal, ob diese Natur in uns Täuschungen erzeugt. Sie bleibt seiend, denn jedwede Täuschung ist dies ebenso.
Somit ist die Natur von allem seiend.
So bald auch nur der Ansatz gewagt wird, sich Gedanken über etwas eventuell Nichtseiendes zu machen, wird es bereits durch den Ansatz zu **ETWAS**.
Gäbe es keine denkenden Hirne mehr, bliebe dennoch alles Etwas und somit seiend. Klar, oder?

„Sein oder Nichtsein?"
- ist mit
SEIN
zu beantworten.

Zurück zur Singularität als Entwicklungsausgangspunkt der Universums:
Zur weiteren Formulierung muss ich **gegen meine Überzeugung** dennoch die von vielen vertretene Darstellung der Entwicklung des Universums hernehmen, damit ich sie ad absurdum führen kann.

Die Energie, die laut der Urknallthese in dieser mathematischen Singularität gebunden war, entspräche nach dieser These jedweder Energie im Universum.

Egal, wie lange diese Singularität auch in ihrer unendlichen „Winzigkeit" und unendlich heißen Dichte bestand, es könnte immer definiert werden, wie lange es war. Denn zu irgendeinem Zeitpunkt muss sie vorhandengewesen sein, da es nach dieser These behauptet wird, dass sie dies war. Wäre dies nicht definierbar, dann hätte es diese Singularität auch nie in der Art und Weise gegeben, wie sie gern formuliert wird. Damit es den Urknall geben konnte, muss diese Singularität mindestens für die kleinste Zeiteinheit existiert haben. Die Ausrede dafür ist jedoch, dass keine der uns bekannten Naturgesetze darauf anwendbar sind.

Zeit würde nach dieser völlig fundamentlosen Behauptung wegfallen.

Ja, so einfach machen es sich manche Leute.

Ich jedoch nicht!

Nun, dabei dürfen wir nicht vergessen, dass dies auch nur ein Mensch behauptet hat, dass die Naturgesetze noch nicht existierten und erst daraus entstanden.
Menschen machen Fehler und Formeln haben oft ebensolche, da sie von Menschen erdacht wurden.
Andere plappern dann das nach, was bereits zuvor geplappert wurde, um in entsprechenden Gesellschaftskreisen wichtig zu wirken. Wenn ich in solchen Kreisen diesbezüglich tiefer nachfragte bemerkte ich jedoch sehr oft, dass das Nachgeplapperte gar nicht verstanden wurde. Ich ziehe daraus den logischen Schluss, dass etwas, das zu keiner Zeit existierte, nicht existierte. Mir ist dabei völlig egal, was die Fachelite dazu sagt, basta.

Ja, ich darf es mir doch auch einfach machen, oder etwa nicht?
Fakt ist jedoch, dass ich es mir nicht einfach machen werde. Wollte ich es einfach haben, dann würde ich nicht dieses Buch schreiben, sonder selbst nur den anderen Fachexperten nachplappern und ihnen nach dem Geplapper zustimmend und zufrieden auf die Schulter klopfen.
Wesentliche Elemente die störend, jedoch Teil der Logik sind, dürfen bei solch einer Betrachtung nicht einfach gestrichen und verboten werden, um dann sagen: Wenn ich für meine angestrebte Hypothese die bereits bekannten Naturgesetze hernehme, dann bricht sie zusammen.

Na gut, dann streiche ich sie eben aus den Überlegungen, verbiete sie und schon läuft alles wieder rund.

Das ist Murks mal c^2!

Die Behauptung, dass keines der bekannten Naturgesetze für den Urknall anwendbar ist, ist nach meiner persönlichen Ansicht die größte und bequemste Ausrede und größte Eselei, um diese These irgendwie darzulegen und hinzubiegen. Diese völlig bodenlose Behauptung wird nach meinem Empfinden nur deshalb benutzt, weil diese These ansonsten von vorn herein auch ohne genauere Betrachtung völlig unlogisch wäre. Wenn also behauptet wird, dass es diese Singularität mit den Eigenschaften von unendlicher Dichte und unendlicher Hitze gab, dann gab es auch schon Zeit.

Etwas, das in der genannten Art und Weise da ist, ist zeitlich messbar. Auch wenn es nach unseren Messmethoden nicht messbar wäre, wäre es dennoch da.

Hitze allein benötigt bereits einen Prozess, der als Bewegung definiert werden muss und somit auch als Zeitablauf.

Etwas, das solch eine Entwicklung in Gang gesetzt hat, muss bereits die existenziellen Voraussetzungen für diese Entwicklung besessen haben. Doch Zeit finden wir gleich nochmals, wenn wir den Raum betrachten.

Es gab noch keinen Raum:

Wenn es durch diese unendliche Verdichtung zudem noch eine unvorstellbare Energie und Hitze gab, dann frage ich mich, wo, wie und wann? Heute wird physikalisch begründet davon ausgegangen, dass Singularitäten mit enormer Masse, Gravitation und unendlicher Dichte über einen Fusionsprozess der Elementbildung durch den Kollaps von sehr massereichen Sternen entstehen, da deren innerer Druck nach außen der Gravitationskraft der Masse nicht mehr entgegenwirken kann. Darauf werde ich später zum Thema „Schwarze Löcher" noch genauer eingehen. Fakt ist dabei jedoch, dass die Singularitäten der „Schwarzen Löcher" **aus bereits zuvor vorhandenen Massen** durch mannigfache vorhergegangene Prozesse entstehen. Es gelten bei diesem Kollaps von Masse die bekannten Naturgesetze. Und ein vorausgehender Prozess ist dafür unabdingbar.

Dabei müssen keine Aussagen gemacht werden, welche jedweder Logik und/oder gemachter Erkenntnisse widersprechen. Das nenne ich Astrophysik!

Und das als Autodidakt!

Es wurde nach meinen Informationen noch nie beobachtet oder behauptet, dass ein massereiches „Schwarzes Loch" ohne diese wesentlichen Faktoren entsteht oder entstand. Dafür gibt es keinerlei praktische Hinweise.

Es ist ein langwieriger Entwicklungsprozess nötig, damit ein „Schwarzes Loch" entstehen kann!
Wenn eine bestimmte Physik und Mathematik auf ein mathematisch und physikalisch definierbares Phänomen angewendet wird, dann dürfen bei einem mathematisch und physikalisch identischen Phänomen nicht plötzlich andere Regeln erstellt werden, damit das **GEWÜNSCHTE** Resultat erzielt und aufrecherhalten werden kann.
Entweder wird Gleiches mit gleichem Maß gemessen, oder das Ergebnis wird dann so lange verbogen, bis es hingemurkst ist!

Beim Urknall, der exakt auf den gleichen Gesetzmäßigkeiten wie ein „Schwarzes Loch" beruhen müsste, wird jedoch etwas ANDERES als von einem „Schwarzen Loch" behauptet!
Warum?

Nun ja, behauptet werden kann viel. Doch es muss auch bewiesen werden. Und genau da ist es bei der Urknallthese **absolut** vorbei.

Gehen wir nun gemeinsam zum nächsten Punkt.

Unendliche Hitze und Dichte:
Etwas, das die beschriebenen Eigenschaften von immenser Hitze und Dichte hat, setzt eine energetische Existenz voraus. Die Voraussetzung dieser energetischen Existenz ist ein Etwas, in dem es existiert.
Wenn Raum und Zeit wegfallen, bedeutet dies erneut, dass es diese Singularität mit ihren beschriebenen Eigenschaften niemals gab.
Dass solch eine Singularität aus einer Nichtexistenz ohne einen Raum und ohne Zeit mit diesen beschriebenen Eigenschaften plötzlich existiert und die Ursache für die Entwicklung des Universums sein soll, widerspricht jeder Logik. Es spricht zudem gegen die Beobachtungen, dass „Schwarze Löcher" aus bereits zuvor vorhandenen Massen durch einen Kollaps entstehen.
Doch es könnte auf logische Art und Weise ganz anders gewesen sein.
Ja, ich will es etwas spannend machen.
Da laut der Urknallthese die gesamte „nach meiner Meinung unendliche" Energie des Universums ihre Existenz und Entwicklung durch den Urknall begonnen haben soll, muss sie zuvor existiert haben.
Ach, ich vergaß, dass es ja noch keine Naturgesetze gab. Mal ganz ehrlich, meine sehr

verehrten Leserinnen und Leser, dass sich diese These bis heute erhalten hat, versetzt meinen Kopf in eine Schüttelbewegung! Nach meiner Meinung ist diese These schlimmer als die Annahme, dass die Erde eine Scheibe ist. Dass dies im Mittelalter weit überwiegend so gedacht wurde, ist ebenso falsch, wie die Behauptung, dass es einen Urknall gab!
Nehmen Sie das bitte mit Humor, denn ich bin ein sehr humorvoller Mensch und meine das nicht böse. Doch ich sehe es sehr kritisch.

Es gab noch keine Materie:

Wie sieht es mit der Materie aus? Von den Naturwissenschaften wird Materie als etwas definiert, das Ruhemasse besitzt, wobei Objekte nach unserem Sprachgebrauch gemeint sind. Elektromagnetische Wellen wie zum Beispiel Licht werden allgemein nicht als Materie bezeichnet, da diese laut Physik niemals ruhen und somit keine Ruhemasse haben. Doch selbst da streiten sich einige Geister.

Doch gehen wir, um das Leid zu beenden, davon aus, dass Materie den Charakter eines Objekts mit Ruhemasse hat.

Wenn diese Singularität nur aus enorm verdichteten elektromagnetischen oder anderen Wellen bestand, oder aus etwas, das nicht als Objekt mit Ruhemasse bezeichnet werden könnte, dann wäre diese Behauptung, dass

es davor noch keine Materie gab, dennoch nicht haltbar.
Der Grund dafür ist, dass die Entstehung einer massereichen Singularität zwingend Materie voraussetzt, wie die Definition eines „Schwarzen Loches" besagt.
Das, was es gegeben haben muss, ist gleichberechtigt Energie, denn ein Urknall, wie er beschrieben wird, ist ohne Energie nicht möglich. Energie ist gleich Masse mal Lichtgeschwindigkeit zum Quadrat.
Wenn Hitze da war, muss von Druck, Dynamik und somit von Energie ausgegangen werden. Und das ALLES befand sich innerhalb einer Singularität ohne Ausdehnung, welche der Entwicklungsursprung von ALLEM gewesen sein soll?!

Hört, hört, hört!

Ja, ich schmunzle.

Denken wir wieder logisch:
Laut Albert Einstein gilt, wie bereits beschrieben, ->
Energie ist gleich Masse mal „Lichtgeschwindigkeit zum Quadrat".

$$E = MC^2$$

Genau genommen müsste in der Formel hervorgehoben werden, dass das E die Energie im Ruhezustand eines Teilchens beziehungsweise der Masse beschreibt. Es sollte so definiert werden:

$$E_{Ruhe} = MC^2$$

Dies beschreibt die Äquivalenz von Energie und Masse. Energie ist unabdingbar, damit etwas bewegt oder abgebremst werden kann. Da nach der Darstellung der Urknallthese alles bewegt wurde, muss es nach dieser These und nach unserem Verständnis eine enorme Energiemenge gegeben haben. Energie ohne

Raum? Energie aus einem philosophischen undenkbaren Nichts? Oh man!
Egal wie klein und dicht alles gedacht oder mathematisch darlegt wird, es ergibt keinen logischen Sinn. Alleine die fundamentlose Behauptung, dass unsere Naturgesetze bei dieser Singularität nicht galten, stellt für mich nicht mehr dar, als ein Spiel mit einem ungenügendem Regelwerk.
Albert Einsteins Formeln bezüglich der Entwicklung des Universums brechen immer weiter zusammen, je näher sie an den Anfang der Zeit als Formelteil rücken. Denn desto mächtiger ballt sich die Materie und desto dichter pressen sie den Raum zusammen. Das geht so weit, bis die Gleichungen nicht mehr, als bedeutungslose Unendlichkeiten, ausspucken.

Ich korrigiere !

„Unendlichkeit ist in anderer Weise keineswegs bedeutungslos."

EWIGE UNENDLICHKEIT IST EINER DER SCHLÜSSEL ZUR WAHRHEIT!

Sie werden erfahren, warum ich dies betone.

Weitere Fragen, die sich stellen:
Wie kam es zu dieser UR - Singularität?
Darauf gibt die Urknallthese keine annähernd befriedigende Antwort.

Meine Ansicht dazu:
Es gab nie einen Urknall! Es gab immer schon EWIGE UNENDLICHKEIT! Damit meine ich ewige seiende Natur.
Neugierig? Gut, denn ich will Sie schließlich spannend unterhalten.

Was war laut Urknallthese vor dieser UR - Singularität?
Darauf gibt die Urknallthese die Antwort, dass davor nichts war. Quasi „KNALL, DA BIN ICH UND WOHER ICH KOMME, DAS WEIß DER GEIER!" Somit müssen wir den Geier fragen.

Meine Ansicht dazu:
Es muss **vor jedweder** massereichen Singularität, im astronomisch-physikalischen Sinn, bereits genügend Masse geben, damit es zu einer Singularität kommen kann. Die logische und beobachtete Reihenfolge, welche zur Entstehung einer solchen Singularität notwendig ist, wird für die UR - Singularität in nicht zu verzeihender Weise vernachlässigt, ignoriert und umgedreht.
So nach dem Motto: „Für alle anderen astronomisch-physikalischen Singularitäten gilt dies, für die Urknallsingularität jedoch nicht. Das ist deswegen so, weil bei dieser Singularität die uns bekannten Naturgesetze eben noch nicht galten, da es kein Davor gab.
Wir setzen das so voraus, damit wir unseren ach so lieb gewonnenen Urknall behalten dürfen.
Andere Aussagen sind, <u>für uns Urknallliebhaber,</u> sinnlos und verboten. Also sollen die Andersdenkenden dies so hinnehmen, denn sonst müssten wir zugeben, dass wir seit Jahrzehnten einem Irrtum aufgesessen sind.

Das ist PIEEEEEP mal c^2!

Was war der Auslöser für die plötzliche Ausdehnung dieser Singularität?
Dazu gibt es nur Spekulationen der unterschiedlichsten Art und Weise, welche sich auf

Quantenfeldfluktuationen berufen. Dabei sind sich die Astrophysiker und Kosmologen jedoch keineswegs allumfassend einig. Eine logische Antwort gibt es nicht, darum will ich Ihnen weitere verwirrende Informationen darüber vorerst ersparen. Interessant ist es jedoch, dass für den Auslöser ganz plötzlich die Quantentheorie zur Hilfe genommen wird, wo doch ansonsten keine physikalischen Gesetze gelten dürfen.

Meine Ansicht dazu:
Wir konnten bislang nicht beobachten, dass sich „Schwarze Löcher" in der Art und Weise ausdehnen, wie es vom Urknall behauptet wird. Es ist keine Expansion um die von uns beobachtbaren „Schwarzen Löcher" festzustellen. Es gibt diesbezüglich keinen Ansatzpunkt der mit den Behauptungen der Urknallthese zu vereinbaren wären. Was beobachten werden kann ist, dass „Schwarze Löcher" durch ihre hohe Gravitationskonzentration jedwede Art von Materie innerhalb ihres Wirkungsspektrums „heranziehen".
Kommt die Materie nahe genug an den Ereignishorizont eines „Schwarzen Lochs", dann wird sie durch die hohe Gravitationsdichte regelrecht in dessen Richtung auseinander- und hineingezogen. So, wie es bei Quasaren zu beobachten ist - das sind „Schwarze Löcher" im Zentrum von Galaxien, die gerade Materie „verspeisen" - wird Materie dabei

zum größten Teil als Gammastrahlung in den Interstellaren Raum abgestrahlt und teilweise von dem „Schwarzen Loch" quasi aufgesogen. Der Begriff „Schwarzes Loch" ist falsch gewählt, doch dazu später mehr. Darum setzte ich die vielen Gänsefüßchen.

Wie konnte sich diese Singularität ausbreiten, wenn es noch kein Etwas gab, in das sie sich ausbreiten konnte?
Darauf gibt die Urknallthese die Antwort, dass Raum, Zeit und Materie mit dem Urknall entstanden.
So nach dem Motto: „Hey, hallo, hier bin ich! Raum und Zeit habe ich neben ein paar anderen Gaben auch gleich mitgebracht. Nun kann die Party endlich losgehen. Das Büfett ist eröffnet und ich breite mich hier nun bequem aus!" Nun ja, eigentlich ist es nicht lustig, nicht so richtig.

Meine Ansicht dazu:
Wo soll denn eine Ursache für den Raum entstanden sein, wenn es für die Ursache keinen Raum gab? Wie soll Raum entstehen?
Und wohin sollte sich ein Etwas ausdehnen, wenn es in jedweder möglichen Dehnungsrichtung noch kein anderes Etwas dafür gibt, in das es sich hineindehnen könnte?

Das ist absoluter Mumpitz!

Logisch betrachtet muss eine definierbare mathematische Singularität irgendwo existent sein, sonst gäbe es sie nirgendwo.

Nur „Raum" erlaubt die Existenz und Veränderung von IRGENDWAS! Veränderung=Zeit, da Veränderung gleich Strecke geteilt durch Geschwindigkeit beschreibt. Veränderung bedarf Energie.

Ich höre schon die Schreier, die jetzt sagen werden, dass laut Urknallthese das Raummedium erst erschaffen wurde. Gut, dann schreie ich mit.

WIE WIRD RAUM REAL ERSCHAFFEN UND WIE WIRD ER IN EIN PHILOSOPHISCHES NICHTS HINEINGEDEHNT? LOGISCHE UND <u>PRAKTISCH NACHVOLLZIEHBARE</u> ANTWORTEN SIND ERWÜNSCHT!

Eine Ausdehnung beschreibt **IMMER** eine Randveränderung und somit eine momentane Grenze der sich ausdehnenden Sache im jeweiligen Augenblick. Auch dann, wenn es wegdiskutiert oder mit anderen unsinnigen Thesen untermauert werden soll! Merken Sie, dass ich ab und an richtig sauer werde? Ach, ist doch auch wahr!

So, nun lächle ich wieder.

Ein rein fiktives Beispiel:
Angenommen, das Universum hatte zum Zeitpunkt X das Volumen Y und einen Durchmesser von Z.
Wenn sich der Durchmesser nun vergrößert, wohin vergrößert er sich dann, wenn dafür nicht bereits die Vorraussetzung besteht?
Ich kenne die Antwort einiger Kosmologen dazu. Sie lautet, dass der Urknall überall gleichzeitig entstand und mit ihm auch das Raummedium. Jeder sich Informierende **muss** sich das laut der Urknallthese so vorstellen, dass wir das Universum von außen nicht betrachten können und dass es auch keinen Mittelpunkt gibt.
Was man darf, will, oder anzweifelt, haben nach meiner persönlichen Meinung zum großen Glück für die Menschheit nicht die Vertreterinnen und Vertreter der Urknallthese zu bestimmen.
Für mich ist die Aussage, dass ein Etwas überall gleichzeitig entstand und sich dennoch ausdehnt ein logischer Widerspruch, da dieses **ÜBERALL GLEICHZEITIGE ENSTEHEN** bereits jedwede Zone unendlich

einnehmen würde! Eine Ausdehnung dieses Etwas, das bereits **ÜBERALL** existiert – ist somit zum Paradox verurteilt.
Das ÜBERALL lässt keine Möglichkeit für eine Gesamtausdehnung zu. Mit dem ganzen theoretischen Ramsch haben sich einige Anhänger der Urknallthese nach meiner persönlichen Meinung ein galaktisches Ei gelegt.
Es wird zunehmend klarer, wohin die Logik führt. Vielleicht ahnen Sie es ja schon?

Nun werde ich deutlich:
Betrachten wir nun das heutige Universum.
Es wird von den Urknallliebhabern behauptet, dass sich der Raum weiterhin ausdehnt und dies mit zunehmender Geschwindigkeit von jedwedem Raumpunkt in jedwede Richtung. Die Geschwindigkeit der Raumexpansion erhöht sich mit der Entfernung proportional zum Quadrat von jedwedem Raumpunkt aus betrachtet gleichberechtigt.
Es wird also behauptet, dass **der Raum expandiert und sich dadurch die Abstände und die Geschwindigkeiten der Massen** dadurch proportional im Quadrat zueinander verändern.

Passen Sie bitte folgend sehr gut auf, denn es lohnt sich.

Um diese Raumexpansion und die damit verbundene Ortverlagerung der Massen möglichst exakt darzustellen, nutzen verschiedene Kosmologen und Astronomen immer wieder gern die folgenden Modelle:

Modell 1: Das Gummiband

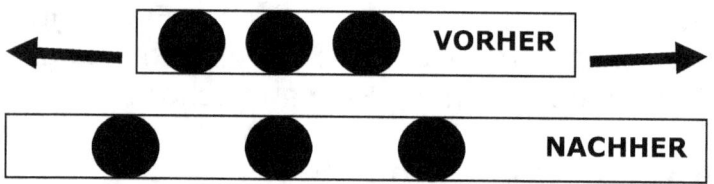

Auf das Gummiband werden drei schwarze Kartonkreise in nahem Abstand geheftet.
Nun wird das Gummiband nach links und rechts gezogen. Die räumliche Entfernung zwischen den Punkten wird größer, wobei die Größe der Punkte jedoch unverändert bleibt. Die Punkte sollen Galaxien darstellen.
Würden Sie sich das Band in Bewegung mit vielen Kreisen vorstellen, dann ergäbe sich durch die Entfernung aller Punkte voneinander weg ein proportionaler Zuwachs der Geschwindigkeit bei zunehmender Entfernung.
Berücksichtigen müssen Sie jedoch unbedingt <u>die feste Beschaffenheit</u> des Gummibandes! Es ist Materie und Zugkraft, welche die Kartonscheiben (Galaxien) bewegt!

Modell 2: Der Hefeteig mit Rosinen

Wenn in einen Hefeteig viele Rosinen hineingegeben werden, während er durchgeknetet wird, dann verteilen sich diese. Wenn dem Teig die richtige Wärme zugeführt wird, dann quillt er auf. Die Position der Rosinen in und auf dem Teig verändert sich. Alle Rosinen entfernen sich räumlich voneinander.

Bildbeispiele:

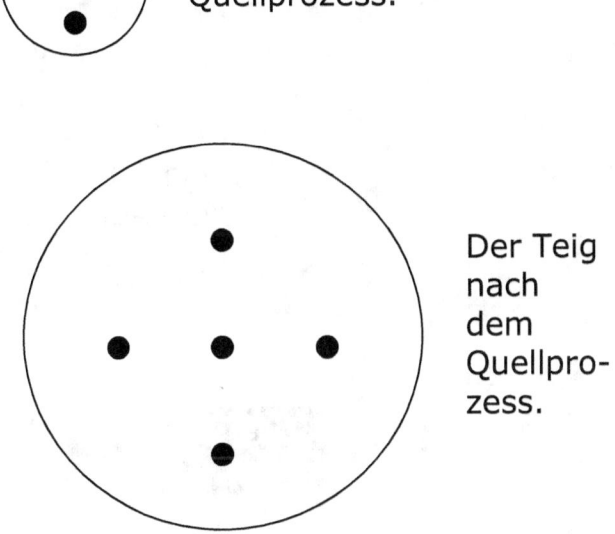

Der Teig vor dem Quellprozess.

Der Teig nach dem Quellprozess.

Auch hier ist der Effekt wieder deutlich zu erkennen. Alle Abstände haben sich gleichmäßig proportional verändert. Die Größe der Rosinen blieb jedoch gleich. Das, was den Effekt bewirkte, war die sich verändernde Teigmaterie. Wärmeenergie wurde zugeführt!

Modell 3: Der aufgeblasene Luftballon

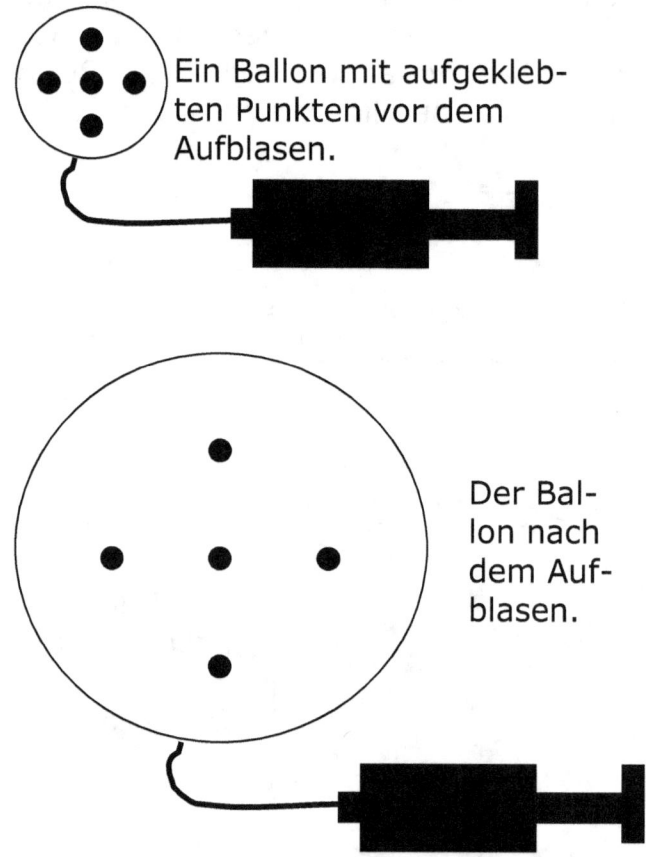

Ein Ballon mit aufgeklebten Punkten vor dem Aufblasen.

Der Ballon nach dem Aufblasen.

Hier ist das Prinzip ähnlich wie bei dem Hefeteig, eben nur oberflächenbezogen. Der

Luftdruck im Ballon wurde durch mechanische Wirkung erhöht, indem mehr Luftmoleküle in den Ball gepumpt wurden.
Sehr wichtige physikalische Eigenschaften haben all diese Modelle jedoch gemeinsam.

Ich will diese Eigenschaften aufführen:
Alle drei Modelle sind als Bezugssysteme zu verstehen. Damit der gewünschte Effekt der räumlichen Trennung der Rosinen oder angebrachten Kartonscheiben erzeugt werden kann, **muss jedem der drei Bezugssysteme zusätzliche Energie von außerhalb hinzugefügt werden.**

- Bei dem Gummiband wird von außen gezogen, damit sich das Band dehnt.

- Beim Hefeteig ist es die zugeführte Wärme, die den Teig durch die Hefepilze aufgehen lässt.

- Beim Ballon wird zur Druckerzeugung von außen Luft zugeführt, die den Ballon aufbläht und die Oberfläche spannt.

Das Universum ist nach der Urknallthese jedoch ein geschlossenes System. Ein Außerhalb davon gibt es laut dieser These nicht. Bitte behalten Sie das im Hinterkopf.

Doch diese drei Modelle haben neben der Energiezufuhr von außen noch einen viel wesentlicheren Hauptnenner!

Die mechanische Wirkung:
Ohne eine mechanische Wirkung würden sich weder die Kartonpunkte, noch die Rosinen räumlich verändern!

- Beim Gummiband bewirkt das feste Band die Mitbewegung der Kartonpunkte.
- Beim Hefeteig ist es die Dichte der Teigmasse, welche die Rosinen räumlich mitbewegt. Wäre die Masse zu dünn, würden die Rosinen nach unten sinken. Der Teig könnte sie räumlich nicht – oder nur minimal - mitbewegen.
- Beim Ballon ist es die materielle Gummioberfläche, welche durch den Innendruck die mechanische Wirkung durch Dehnung der Ballonoberfläche die räumliche Entfernung der Kartonscheiben bewirkt.

Betrachten wir nun das realistischste „Modell", das es zur Wahrheitsfindung gibt.

Das Universum:
Alle Massen sind im Universum **nicht im „Raum" fest fixiert**, so wie die Rosinen o-

der die Kartonscheiben in den ausreichend festen materiellen Modellen. Sie durchdringen den „Raum" beliebig **ohne bislang messbaren Widerstand**. Sie lassen sich somit nicht durch eine messbare Wechselwirkung vom „Raum" selbst beeinflussen.

Seit Einsteins Allgemeiner – Relativitätstheorie bekommen wir gepredigt, dass Massen die Raumzeit krümmen. Der Raum verdrängt hingegen die Massen nicht. Massen können sich mit schnellen oder langsamen Geschwindigkeiten scheinbar widerstandslos bewegen. Der Grund für ihre Bewegung ist ein Kraftimpuls, den sie erfahren haben. Massen wirken durch Gravitation gegenseitig aufeinander ein. Dies wäre zum Beispiel eine Kraft, die eine Massebewegung auslösen könnte. Das wäre eine Bewegung **durch das Vakuum** -> im Raum. Beides setzt dieser Bewegung keinerlei Widerstand entgegen. Merken Sie, dass ich Vakuum und Raum unterscheide?

Das ist folgend sehr wichtig!

<u>**Nun stelle ich mir die folgende Frage:**</u>
Wie kann etwas, das keinerlei messbaren Einfluss auf Massen hat, diese Massen bei einer Expansion bezüglich ihres Standpunktes beeinflussen?
Um es mal umgangssprachlich zu sagen:
Den Massen wäre es physikalisch völlig egal, wenn der Raum an für sich oder **das Vaku-**

um -> im Raum expandieren würde! Die Expansion hätte im Falle der Raumexpansion keinerlei- und im Falle der Vakuumexpansion nur minimalste mechanische Wirkung auf die Massen. Es gäbe keine Ursache für das Auseinanderdriften von Massen!
Die mechanische Wirkung fehlt entweder ganz oder ist zu gering! Dass die Versuchsmodelle funktionieren, liegt einzig an den **falschen** Modellen!

Ich stelle mir eine weitere Frage:
Wie soll „Raum" überhaupt von selbst expandieren? Nur mal theoretisch angenommen, dass es ginge.
Woher sollte der Raum die Energie dafür beziehen?
Welche Energie sollte eine Expansion von etwas bewirken, das laut derzeit geltender Physik selbst die Vorraussetzung für jedwede physikalische Wirkung ist?
Aus Materie bestehende Grenzen könnten durch Energie verändert werden, jedoch niemals der „Raum" selbst.

Die wichtigsten Fragen sind jedoch:
- **Was ist „Raum" eigentlich?**
- **Welche physikalischen Eigenschaften darf man „Raum" unterjubeln?**
- **Warum wird eine „Raumexpansion" überhaupt herbeigesehnt?**

Ich habe eine Charaktereigenschaft, die vielen Menschen mit umfangreichem Fachwissen in den themenrelevanten Gebieten missfällt.
Ich denke selbst über Hypothesen, Thesen und Theorien nach und fresse sie nicht einfach so, wie sie mir serviert werden.
Wenn ich Antworten auf Fragen durchdenke und dabei auf innere Unzufriedenheit stoße, dann ist es mir total egal, wenn diese Antworten von der überwiegenden Fachwelt akzeptiert werden. So lange solche Antworten nicht fundamental bewiesen sind, suche ich nach besseren Antworten. Ich nehme unbewiesene und allgemein akzeptierte Antworten somit nicht vorbehaltlos an. Basta.

Je pense, donc je suis.

Dies schrieb der französische Philosoph René Descartes und es bedeutet:

Ich denke, also bin ich.

Dem stimme ich zu.

Ich denke dazu auch noch sehr gerne quer.

Ich will nun selbst versuchen zu definieren, was Raum eigentlich ist.
Raum ist <u>lediglich ein Gedankenkonstrukt,</u> das wir als Menschen benötigen, um das Vorhandensein von jedweder Erscheinungsform und deren Veränderung in einer vierdimensionalen Realität zu verstehen.
Es sind unsere eigenen Sinne, die einen Raum für dieses Verständnis in unserer Gedankenwelt erzeugen.
Es wird sich folgend noch zeigen, dass alles

unendlich ETWAS ist und Raum nur als Begriff in unseren Hirnen existiert.

Mathematisch gibt es sehr viele Ansätze von verschiedenen Räumen. Ich machte mir die Mühe vor dem Schreiben dieser Ausführungen, mich sehr tief in alle theoretischen Ansätze hineinzuarbeiten. Glauben Sie mir, das war richtig viel Hirnleistung.
So etwa der De-Sitter-Raum, der Hilbert-Raum und auch die formellen Darlegungen der Friedmanngleichungen diesbezüglich.

Keine, <u>ich betone</u>, keine dieser guten hypothetischen, theoretischen und mathematischen Ansätze kann faktisch und praktisch <u>beweisen</u>, dass sich eine Raumausdehnung auf die darin befindenden Massen so auswirken würde, dass diese deswegen eine Ortsveränderung zueinander mitmachen würden.

Die grundlegende Frage ist jedoch, ob das, was wir als Raum in unseren Köpfen definieren, überhaupt real in der Praxis existent und veränderlich ist. Mit „veränderlich" meine ich nicht, dass die Grenzen um einen Raum verändert werden. Natürlich können Grenzen verändert werden. Die Frage ist jedoch, ob sich durch das Verändern von Grenzen **tatsächlich real in der Praxis** Raum verändern kann. Existiert Raum überhaupt real? Oder ist es so, wie ich schrieb, dass wir nur psychologisch bedingt den Raumbegriff, zur Beschreibung der vierdimensionalen, Welt benötigen? (Die 4.Dimension=Zeit)

Es gibt keinerlei physikalische Beweise dafür, dass Raum real existiert und dass sich dieses Wortkonstrukt „Raum" real ausdehnen kann.

Folgendes galt bislang:
Alle physikalischen, chemischen ... Prozesse finden in einem Raum statt.
Ich werde das widerlegen. Kaum zu glauben, ich weiß, doch warten sie bitte ab.

Eine Frage, die ich in einem Internetforum einmal zur Debatte stellte, war:

„Ist ein absolutes Vakuum=Raum?"

Fortfolgend spreche ich nur von einem absoluten Vakuum. Es gibt je nach Fachrichtung ganz verschiedene Definitionen von einem Vakuum, von daher erwähne ich dies. Es gab viele widersprüchliche Antworten auf meine Frage und letztendlich kam dann die richtige Antwort von mir. Die Antwort lautet nach einer korrekten Definition von einem Vakuum:

„NEIN!"

Der Grund für das „NEIN" ist auf Werner Heisenbergs Quantenmechanik und Quantenfeldtheorie und den daraus resultierenden Erkenntnissen zurückzuführen. Fortfolgend bleibe ich bei dem Begriff Quantenmechanik, auch wenn damit nicht alle einverstanden sein werden. Nach der Aussage der Quantenmechanik und damit verbundenen Experimenten und nachweisbaren Effekten stellte sich heraus, dass selbst in einem absoluten Vakuum noch Prozesse ablaufen.

Teilchen und Antiteilchenpaare entstehen im Vakuum durch Quantenfeldfluktuation. Bezeichnet werden diese Teilchen – Antiteilchenpaare als Virtuelle – Teilchen und auf diese werde ich bei der Darlegung meiner These etwas später noch sehr umfangreich eingehen.

Das absolute Vakuum entspricht also nicht der Definition von Raum, da physikalische Prozesse in Form von Quantenfeldfluktuationen **DIREKT damit verbunden** sind, da das Vakuum selbst diese Teilchenpaare hervorbringt und somit selbst wirkt. Vergleichbar ist dies mit Wasser, das bei entsprechenden Veränderungen durch Energieverlust oder Energiegewinn - Eis oder Dampf - hervorbringt. Eis oder Dampf sind dann keine Produkte des Raums, sondern des Wassers. Nach diesem Prinzip sind die genannten Teilchenpaare tatsächliche energetische Produkte des Vakuums und nicht eines rein fiktiven Raumes.

Länge, Breite und Tiefe – oder – Höhe, Richtung und Abstand lassen uns einen Raum definieren, indem wir wieder unsere eingebrannten Hirnprägungen benutzen **und GRENZEN definieren**. Veränderungen definieren Zeit.

Wir nutzen bei dieser Überlegung jedoch irgendwelche von uns definierten Erscheinungsformen als Grenzen und behaupten dann, dass innerhalb dieser Grenzen Raum existiert. Diese Vorgehensweise hat jedoch keinerlei Definitionsberechtigung dafür, dass Raum als solcher eigenständig existiert oder gar expandieren könnte und zudem dabei noch die Ortslage von Massen zueinander verändert.

Eine Expansion wäre eine physikalische Eigenschaft an für sich.
Da der Raum jedoch selbst, laut seiner derzeit noch gültigen Definition, physikalischen und anderen Prozessen nur als Raum dienlich ist, entstünde sofort ein Paradox.

Raum bietet nach der derzeit anerkannten Definition nur Möglichkeiten für Veränderungen von ETWAS, wie zum Beispiel Grenzen, doch er verändert sich niemals selbst.

Nach meiner Meinung ist Raum real NICHT EXISTENT! Ich vertrete die Ansicht, dass das absolute Vakuum selbst ETWAS SEIENDES, UNENDLICHES UND EWIGES IST,

das wirkt.

Diese Aussage ist ein Basissegment meiner eigenen These. Mehr dazu folgt natürlich noch sehr ausführlich.

Nach meiner Ansicht ist diese Denkweise und Darstellung, dass eine Raumexpansion stattfindet und die Massen auseinanderdriften lässt, einer der größten Denkfehler in der Astrophysik, Kosmologie und einigen damit verbundenen mathematischen Ansätzen überhaupt.

Albert Einstein zu korrigieren erscheint in manchen Fachkreisen wie Größenwahn, da er in diesen Kreisen beinahe einen gottgleichen Status einnimmt. Das ist mir bewusst und ich habe großen Respekt vor seinen Denkleistungen. Doch ich komme nicht

drum herum seine Aussagen zu korrigieren, wenn ich meine Ideen korrekt darlegen will und das ist mein Ziel.

Albert Einstein formulierte in der Allgemeinen Relativitätstheorie, dass Massen den Raum krümmen. Nach der Definition von Raum ist dies jedoch nicht korrekt.
Bitte merken Sie sich den folgenden Leitsatz gut, da er sehr wesentlich für das weitere Verständnis ist.

„Das, was durch **Massen** *gekrümmt wird,* **ist das Vakuum,** *jedoch nicht der rein* **fiktive Raum."**

Nach meiner These ist das Vakuum **ETWAS SEIENDES**, das selbst keinen fiktiven Raum benötigt, da es nach dieser genauen logischen Überprüfung eine **reale** Stellung von dem einnimmt, was bislang fiktiv als Raum bezeichnet wurde. Der Raumbegriff müsste somit sprachlich wegfallen und gänzlich durch den Begriff des Vakuums ersetzt werden.

Das Vakuum kann von Massen beeinflusst werden, der fiktive Raum jedoch nicht. Von daher ist der Unterschied wesentlicher, als er auf den ersten Blick erscheint.

Zudem ist nach meiner These das Vakuum selbst die Mutter und der Vater aller Dinge.

Wenn wir das beste Versuchsmodell hernehmen, das gegeben ist, nämlich das All selbst, dann können wir feststellen, dass sich alle Massen problemlos durch das Vakuum bewegen.

Etwas, das Massen durch seine Expansion bewegen könnte, müsste die physikalischen Eigenschaften besitzen, dass es so enorme Massen wie zum Beispiel ganze Galaxien bei seiner Expansion mitbewegt.

Ich musste bei einigen vorhergehenden Definition den Raumbegriff verwenden, damit meine Darlegung der Fehlinterpretation nicht ihre begriffliche Reihenfolge und Offenbarung verlieren konnte.

Ich behaupte somit durch meine vorangegangene Formulierung:

- Raum an für sich kann nicht expandieren, da die korrekte Definition von Raum eine Expansion als solche physikalisch gar nicht zulässt.

- Das Vakuum ist nach meiner These ETWAS SEIENDES, das unendlich und ewig ist. Doch auch eine Expansion des **Vakuums bei seiner derzeit messbaren Dichte** hätte nicht die notwendigen physikalischen Eigenschaften, um die Massen mit sich zu bewegen.

- Ich gehe jedoch davon aus, dass das Vakuum verschiedene Aggregatszustände besitzen- und je nach Zustand merkbare Effekte auf bestimmte Massen haben kann. Es wurde zum Beispiel gemessen, dass Raumsonden aus bislang nicht verstandenen Gründen ihre Geschwindigkeit reduzierten. Ich gehe davon aus, dass genau diese Messungen ein Effekt davon sind, dass das Vakuum nicht überall die selbe Dichte besitzt. Dazu später mehr.

Kurze Wiederholung:
Das ist Raum nach meiner Definition:
Ich verstehe Raum als ein REINES GEDAN-KENKONSTRUKT dafür, was eigentlich dem Vakuum in der Realität entspricht.
Dieses Gedankenkonstrukt von einem Raum ist nach meiner Ansicht von der Vorstellung bezüglich absoluter LEERE und einem absoluten NICHTS herzuleiten.
Ich behaupte, dass es BEIDES nicht gibt.
Was immer bleibt ist das Vakuum. Somit ergibt sich bezüglich meiner These die logische Herleitung, dass Vakuum überall dort ist, wo rein gedanklich leerer Raum fiktiv hineininterpretiert wird.

Ich gehe jedoch noch weiter und behaupte,
dass alle Erscheinungsformen veränderte „Aggregatszustände" des Vakuums sind!

Folgend stelle ich dar, dass das Vakuum, so wie wir **momentan seine Dichte messen können**, keine Massen bei einer Vakuumsexpansion räumlich verändern könnte.

Das Vakuum beinhaltet im intergalaktischen Vakuum pro Kubikmeter durchschnittlich ein Teilchen.

Simulieren wir nun eine Expansion mit etwas weitaus Teilchenreicherem. Nehmen wir ein fiktives Gas dafür her, das fiktiv angenommen 100 leicht magnetische Teilchen pro Kubikmeter beinhaltet.

Stellen wir uns eine leicht **magnetische** Hohlkugel mit einem Durchmesser von 10m vor, in der ein Vakuum herrscht. Darin sind drei nichtmagnetische Bleikugeln von 25cm Durchmesser und einem jeweiligen Abstand von je 2m in einem gleichschenkligen Dreieck als Formation zentral angeordnet. Das Bild ist nicht maßstabsgetreu und soll nur als Hilfe dienen.

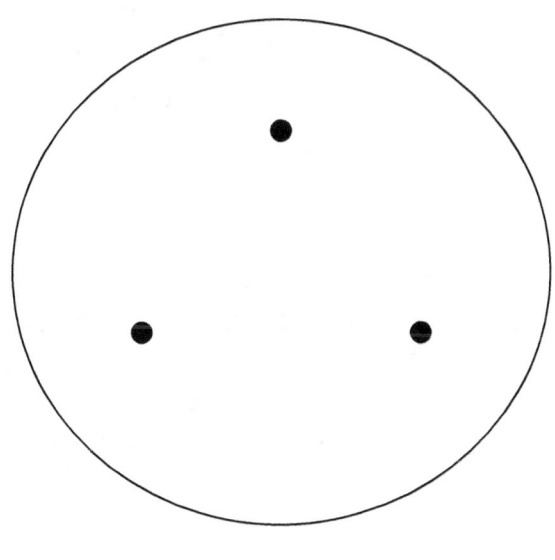

Bei den drei Kugeln wirkt die Gravitation gegenseitig. Sie würden sich mit der Zeit also nähern. In der Hohlkugel befindet sich momentan exakt zwischen den Bleikugeln im Zentrum konzentriert das fiktive Gas mit den 100 Teilchen pro Kubikmeter. Die Gasteilchen werden in diesem fiktiven Beispiel von der magnetischen Außenhülle angezogen und strömen nach außen.

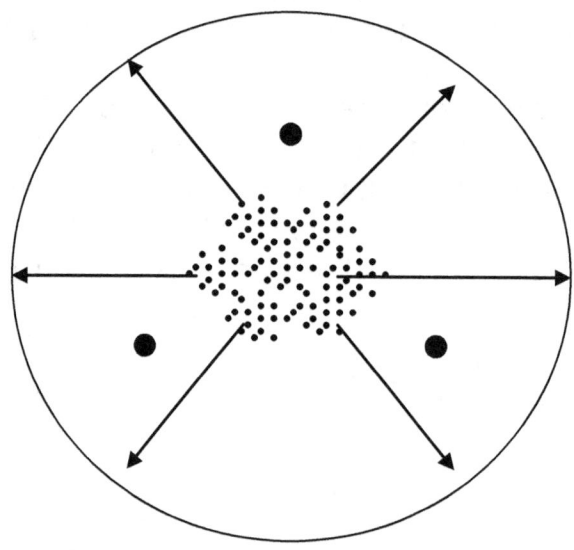

Das Gasvolumen im Zentrum beginnt zu expandieren und berührt dabei die Bleikugeln und strömt um sie herum in Richtung Hohlkugelschale. Das Gasvolumen innerhalb der Hohlkugel wird also größer wobei die Summe der Gasteilchen unverändert bleibt. Die Dichte des Gases nimmt dadurch ab.

Warum sollte dies nun eine so starke Wirkung auf den Aufenthaltsort der drei Bleikugeln haben, sodass sie sich alle drei voneinander entfernen? In diesem Beispiel sind die Distanzen gering und die Gravitation wirkt. Es müsste somit eine Kraft auf die Bleikugeln wirken, die größer als die Gravitation ist und groß genug, um die Kugeln nach außen zu verdrängen, beziehungsweise zu bewegen.

Die Wirkungskraft des fiktiven Gases ist jedoch einhundertmal größer als die des „durchschnittlichen" intergalaktischen Vakuums! Die Bleikugeln sind zudem zig Millionen Mal kleiner als Planeten und im Vergleich zu ganzen Galaxien sind sie kleiner als ein Proton.

Hinzu kommt, dass die Kugeln keine hohe Eigengeschwindigkeit haben, die eine Verdrängung/Bewegung noch erschweren würde. Der Grund dafür, dass sich die Bleikugeln nun nicht voneinander entfernen würden, **ist die fehlende und ausreichende mechanische Wirkung.**

Das, was fehlt, ist der zähe „Hefeteig", der dazu fähig ist, die „Rosinen" mitzunehmen.

Nun folgt ein anderes Beispiel das beweist, dass Raum nur ein fiktives Gedankenkonstrukt ist und dass das Vakuum ETWAS ist:
Nehmen wir für dieses Beispiel an, dass die Teleportation (das Beamen) schon erfunden wurde und ausgezeichnet funktioniert.
Wir haben einen **geschlossenen** Hohlwürfel mit einer Innenkatenlänge von 10m und einem Vakuumvolumen von 1.000 Kubikmeter. In dem Würfel ist ein Vakuum. In den geschlossenen großen Würfel teleportieren wir nun einen geschlossenen Würfel mit einer Innenkantenlänge von 3m, in dem sich ebenfalls ein Vakuum befindet. Dieses Vakuumvolumen entspricht 27 Kubikmeter.

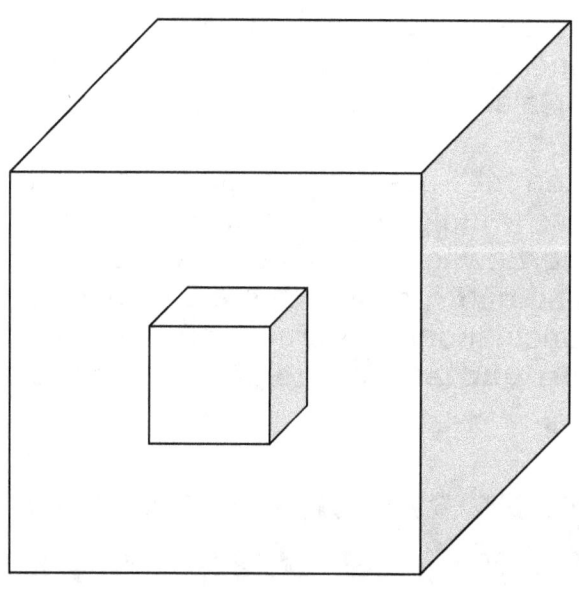

Nach der **allgemeinen Denkweise** wurde dem **Raum**volumen des großen Würfels das **Raum**volumen des kleinen Würfels hinzugefügt. Nun teleportieren wir Seitenfläche für Seitenfläche von dem kleinen Würfel getrennt aus dem großen Würfel heraus. Wenn Raum tatsächlich **ETWAS** wäre, dann müsste jetzt mehr Raum in dem großen Würfel sein, als zuvor. Exakt ausgedrückt müssten zu den 1.000 Kubikmetern Innenraum des großen Würfels die 27 Kubikmeter Innenraum des kleiner Würfels hinzugekommen sein, wenn von der üblichen Denkweise über Raum ausgegangen wird. Glaubt denn nun tatsächlich irgend jemand, dass mehr Raum in dem großen Würfel ist?

Was jedoch **mehr** in dem großen Würfel wäre, ist das Vakuumvolumen des kleinen Würfels. Die Vakuumdichte hätte sich nach meiner These somit tatsächlich in dem großen Würfel erhöht!

Raum existiert als separate Sache nicht, jedoch das Vakuum!
Raum ist somit einzig eine psychologisch notwendige Begrifflichkeit um die Vierdimensionalität zu beschreiben.
Raum ist somit nicht ETWAS
und
Raum expandiert nicht!

Unsere Wahrnehmung von Anfängen, Veränderungen, Enden, Grenzen und der Vierdimensionalität fordern Raum gedanklich. Die bislang aufgeführten Informationen sollten ausreichen, um es auch den größten Zweiflern nahe zu bringen, dass die Raumexpansion ein Hirngespinst ist und nichts weiter. Doch da die Frage noch nicht beantwortet ist, warum dann eine Rotverschiebung bei den meisten weit entfernten Galaxien zu erkennen ist, werde ich darauf noch speziell eingehen.

Die von den Urknallliebhabern **behauptete Expansion des Raumes** zwischen den Galaxien, im großen galaktischen Maßstab, wird als Beweisführung für den Urknall hergenommen. Tja, Pech gehabt!

Die Annahme, dass sich von jedwedem gedachten Punkt jedweder andere Punkt voneinander entfernt, müsste **nach den Behauptungen der Raumexpansionsfreunde,** zu einer allgemeinen Rotverschiebung in diesem großen galaktischen Maßstab führen. In diesem Maßstab müssten sich demnach alle Galaxien so verhalten, **dass sie ausnahmslos alle voneinander wegdriften.**

Durch die proportionale Steigerung der Geschwindigkeit bei zunehmender Entfernung zueinander, würde sich die Rotverschiebung mit zunehmender Entfernung entsprechend für einen Beobachter erhöhen.

Es gibt jedoch Galaxien und ganze Galaxienhaufen, die sich in eine Richtung bewegen, aus der sie nach der Urknallthese unbedingt kommen müssten!

Das darf nicht verschwiegen werden!

Doch keinesfalls darf eine Raumexpansion für die behauptete Expansion verantwortlich gemacht werden!!!

Das ist einfach falsch definiert, da es logisch betrachtet keinen Raum gibt!

*Eine ganz
wesentliche Frage ist:*

*Beruht die behauptete
Galaxienentfernung bei
zunehmender Entfernung
mit zunehmender
Geschwindigkeit etwa auf
einem simplen Denkfehler?*

*Sie werden sich noch über das
wundern, was schon
beobachtet wurde und welche
<u>physikalischen Alternativen</u>
es für die beobachtete
Rotverschiebung gibt.
Eine unmögliche
Raumexpansion ist dafür
nämlich gar nicht notwendig.
Warten Sie es ab, es wird
noch äußerst spannend.*

Kapitel 4:

Jetzt stellen wir andere Fragen und prüfen die Antworten mit Logik:

Im folgenden Text werde ich Sie nun tiefer an meine eigenen Ansätze heranführen. Ich werde diese Ansätze nicht auf mathematischen Formeln aufbauen, sondern mit Ihnen, mit Logik und mit dem gesundem Menschenverstand überprüfen.

Sie sind herzlich dazu eingeladen, um mitzumachen und Denkfehler zu finden. Mein Name ist nicht Nobody und ich bin weit von jedweder Perfektion entfernt.

Dieses Buch als absoluter Laie zu schreiben fällt mir keineswegs leicht, das können Sie mir glauben.

Denken Sie nun bitte nochmals daran, dass unser Denken davon geprägt ist, dass alles einen Anfang, ein Ende und Grenzen hat.

Das ist für uns festsitzende und einprogrammierte „Realität" in den menschlichen Hirnwindungen seit Jahrtausenden.

Wenn mit Menschen über Begriffe wie Unendlichkeit oder Ewigkeit gesprochen wird, dann

wird vielen dabei sehr unwohl. Viele können die Bedeutung dieser Begriffe nicht erfassen. Warum das so ist, hat wieder mit der gefüllten Tasse des ZEN – Meisters zu tun.
Die Vorstellung funktioniert nicht, weil es den tiefsten Prägungen widerspricht, mit denen unsere Köpfe gefüllt sind. In unser Hirn passen beim ersten Anlauf keine völlig neuen Informationen und Ansichten mehr hinein, die unserer bisherigen Urprägung völlig widersprechen. So bald wir dies versuchen, kommt ein Gefühl von Unwohlsein auf. Die Tasse läuft über! Wie kann denn etwas unendlich, grenzenlos und ewig sein?

Gibt es etwas Ewiges?
Gibt es etwas ohne Anfang und Ende?

Ich werde nun Ihr Hirn verbiegen.
Bitte schnallen Sie sich gut an, bringen Sie sich in eine bequeme Position, atmen Sie einmal tief durch und lesen Sie bitte erst dann weiter.

Wer die richtigen Fragen stellt, hat eine Chance auf die richtigen Antworten!
Erinnern Sie sich bitte nochmals an mein Anfangsbeispiel mit der Nadel und dem Heuhaufen. Das schrieb ich nicht aus purer Langeweile.
Wenn Fragen, wie zum Beispiel: „Wie entstand das Universum?", oder „Wie entwickelte sich das Universum von Beginn an?" gestellt werden, dann wird bei der Lösungssuche auch genau darauf hingearbeitet, dass diese genau definierten Fragen exakt bezüglich ihrer Kerndefinition beantwortet werden.
Es wird in beiden Fragestellungen nach einem Anfang/Beginn des Universums gefragt.
Die Frage nach einem generellen Anfang oder nach dem Anfang einer Entwicklung wurde deshalb gestellt, weil eine Ausbreitung des Universums von einem Punkt her vermutet wurde, da der bislang überblickbare Teil des Universums zu expandieren schien.
Wenn die bislang gestellten Fragen die falschen Fragen waren, dann sind die Lösungssuchenden aus diesem Grund nicht auf die richtigen Antworten gekommen.
Wenn die Realität des „Universums" eine ganz andere ist, dann müssen auch die richtigen Fragen gestellt werden, damit die richtigen Antworten gesucht und gefunden werden können. Das habe ich getan.

Nach meiner Meinung kamen einige Wissenschaftler zu der Urknallthese - in ihrer heutigen Form - durch die falschen Fragen in bezug auf eine zu einseitige Interpretation von gemachten Beobachtungen.

Beobachtet wurde, dass sich Galaxien voneinander entfernen, **wenn die Rotverschiebung des Dopplereffekts als Werkzeug für dieses Ergebnis hergenommen wird.** Dabei wurde bemerkt, dass dies bei zunehmender Entfernung mit zunehmender Geschwindigkeit geschieht.

Durch seine eigenen Ansätze, durch die Friedmangleichungen und durch diese Beobachtung schlussfolgerte Lemaitre abschließend, dass sich das Universum räumlich als Ganzes ausdehnt und dass diese Ausdehnung von einem einzigen Punkt ausging, den er als eine Art von Uratom definierte.

Sein Denkfehler dabei war nach meiner Meinung, dass er dabei davon ausging, dass das gesamte Universum von diesem Punkt aus mit samt dem Vakuum seine Entwicklung begann.

Genau diese Annahme widerspricht aller Logik und wirft extrem viele unbeantwortete Fragen und Widersprüche auf.

Nach meiner Meinung hätte die Rotverschiebung der Galaxien **vor dieser Schlussfolgerung** nach anderen Ursachen untersucht gehört, denn diese anderen möglichen Ursachen für eine zunehmende Rotverschiebung gibt es. Sie sind vielen jedoch unbekannt oder werden wegdiskutiert, damit der Urknall mal wieder gerettet wird. Dazu werde ich noch mehr schreiben. Und gleich vorab, ich meine nicht **nur** das gähnend müde Licht! Letzteres war eine kleine Randbemerkung für Insider.

Vergessen werden darf nicht, dass Lemaitre ein Geistlicher war. Er stand eventuell unter einem gewissen berufsbedingten Druck, sodass er eine Definition für seine damalige Hypothese liefern wollte, welche mit dem Fundament der Kirche im Einklang war. Er hat sich zwar laut Überlieferungen geärgert, als die Kirche dann tatsächlich Gott als Auslöser/Schöpfer für seine damalige Hypothese des Urknalls hernahm, doch seine Reaktion kann aus verschiedenen Blickwinkeln beurteilt werden.
Ich will und kann das nicht felsenfest behaupten und es ist reine Spekulation von mir, doch ich kann es mir gut vorstellen, dass er unter diesem Druck im Vorfeld stand.
Die Vergangenheit zeigte genug Beispiele dafür, dass die Kirche mit Andersdenkenden nicht gerade freundlich umging.
Da Lemaitre auch noch aus den eigenen Reihen kam, hätte eine andere Darlegung, welche die Grundpfeiler der Kirche erschüt-

tert hätte, seine Karriere gewiss nicht gefördert.
Wenn wir die heutige Urknallthese betrachten, dann finden wir bei der entsprechenden Fragestellung keine wissenschaftlichen und logischen Antworten darauf, was vor dem Urknall - und was der Auslöser dafür war.
Für die geistliche Seite ließ Lemaitre exakt durch diese fehlenden Antworten den notwendigen Spielraum für einen Schöpfer offen, ohne dass er in Konflikte kam.
Die Kirche konnte behaupten, was sie wie erwähnt auch tat, dass Gott der Auslöser und dass Gott davor war. Dieses Modell gefiel der Kirche natürlich, da es nicht deren Fundament zerstören konnte, sondern damit absolut kompatibel war.
Meine eigene These ist dies zufällig, in anderer Weise, zu einem gewissen Teil, auch. Dies jedoch ohne Druck auf meine berufliche Situation und ohne Absicht.
Ich persönlich fand durch das Schreiben dieses Buches sogar auf sonderliche Weise zu Gott. Jedoch nicht zu der „Art" von Gott, wie er in den Weltreligionen dargestellt wird.
Sie werden erfahren, wie dies geschah.
Liebe Leserinnen und Leser, bitte haben Sie nun keine Panik und bitte denken Sie nicht, dass ich Sie zum Glauben bekehren oder von Ihrem eigenen Glauben abbringen will! Nein, ganz gewiss nicht.
Zurück zum Thema.

Die momentan noch weitgehend anerkannte Urknallthese mit den vielen Ungereimtheiten und offenen Fragen wurde nach meiner Ansicht beibehalten, weil noch keine kreativere Idee kam, die in sich schlüssiger und nachvollziehbarer war, als diese These.
Kennen Sie die Ansätze von Multi – Universen (Multiversen) des Quantenphysikers David Deutsch oder die Superstring-Hypothese, als dessen Urvater ich persönlich den Physiker und Mathematiker Edward Witten bezeichnen würde?
Beides sind ebenfalls Modelle, die von vielen führenden Wissenschaftlern nicht völlig akzeptiert werden, weil sie ebenfalls zu viele offene Fragen und Probleme mit sich bringen. Mir persönlich gefällt die Idee von den Muliversen vom Ansatz her ganz gut. Auch die Superstringhypothese finde ich im entsprechenden Zusammenhang sehr spannend.
Ich denke dennoch in eine ganz andere und viel plausiblere Richtung, ohne zusätzliche Dimensionen, die nicht faktisch nachweisbar wären. Bei den beiden zuvor genannten Modellen wären zusätzliche Dimensionen jedoch unabdingbar. Für weitere Dimensionen gibt es bislang eben keine faktischen Beweise und darum will ich auf weitere Ausführungen und andere Modelle verzichten, welche ebenfalls weitere Dimensionen benötigen würden, oder ebenfalls von einem Urknall ausgehen müssen, um Bestand zu haben.

Ich habe mir andere Fragen gestellt und kam zu einem Schluss, der keine weiteren Dimensionen und keinen Urknall benötigt.

Das Problem bei den weiteren Dimensionen ist für mich so ähnlich, wie das des Raumes. Mathematisch können in beiden Fällen unheimlich komplexe Konstrukte erstellt werden, doch einen greifbaren Beweis bezüglich der exakten Definition gibt es nicht.

Auch die bekannten Naturgesetze muss ich bei meiner These nicht, so wie beim Urknall mit einem mystischen „hocus pocus fidibus", verschwinden lassen. Nein, ich kann zig Fragen sauber und logisch beantworten, die bei den anderen Thesen und so weiter ins Reich der Fiktion abdriften. Abwarten.

Die Art und Weise, wie wir unsere Fragen stellen, hängt wiederum mit der Programmierung unseres individuellen Informations-Potenzials und mit der Wahrnehmungsmöglichkeit unserer Sinne zusammen.

Da wir um uns herum Anfänge, Enden und Grenzen sehen, verführt uns dies zu der Frage nach einem Anfang, nach einem Ende und nach Grenzen, wenn wir das All beschreiben wollen.

Einer neuen Erkenntnis kommt kann sich am besten genähert werden, indem Fragen so gestellt werden, wie es der ZEN – Meister angedeutet hat. Mit geleerter Tasse! Wer seine Tasse nicht leert, wird immer Sklave seiner Programmierung bleiben und nur Fragen im Rahmen dieser tiefgeprägten Informationseinheiten stellen. Dies führt dazu, dass viele andere Ideen erst gar nicht entstehen können, wenn die Tasse noch gefüllt ist.

Ein Individuum fragt nicht nach einer Sache ohne Anfang, wenn diese Vorstellung seine Tasse zum Überlaufen bringt. Vor allem dann nicht, wenn es nach seiner bisherigen Programmierung völlig unmöglich und absurd ist, dass es eine Sache ohne Anfang gibt.

Kapitel 5:

Die Autodiskussion über die Unendlichkeit:

Es war in einer warmen Sommernacht im Jahre 1981, als mein Freund Andreas und ich im Auto saßen und durch die Windschutzscheibe und die geöffneten Seitenfenster den sternenklaren Himmel betrachteten.
Andreas stellte plötzlich die Frage, wo das Universum wohl endet. Ich war lange still und dachte nach.
Er sagte dann plötzlich: „Bestimmt kommt irgendwann eine alles umschließende Wand und dann ist Schluss."
Mein Blick viel nach dieser Aussage auf eine Verpackung mit Taschentüchern, in der ich mir das Universum vorstellte.
Ich dachte mir: Ja, Andreas hat bestimmt recht, so muss es wohl sein. Irgendwann kommt eine Wand oder etwas mit ähnlichen Eigenschaften.
Um die Taschentücher war auch die Wand der Verpackung als Ende zu sehen. Ich wollte Andreas gerade zustimmen, als mir plötzlich auffiel, dass diese Verpackung von Luft und der Hülle des Autos umgeben war und das Auto wiederum von dem Medium, das wir sprachlich als Raum bezeichnen.
Ich hielt also noch den Mund und dachte weiter.

Ich stellte mir zig begrenzende Schalen und zig Zwischenräume vor. Doch immer wieder folgte Raum, Schale, Raum, Schale...
Plötzlich fuhr es mir in den Kopf, als ich gedanklich bereits weit im All war.
ALLES, DAS IN IRGENDEINER WEISE EXISTIERT - benötigt das Vakuum, in dem es existieren kann. Ganz egal, wie dick solch eine gedachte Wand als Grenze aus irgendeiner Sache auch sein mag, letztendlich benötigt sie für ihre Existenz das Vakuum und wenn sie endet, muss dahinter wiederum Vakuum sein. Würde die Wand nicht enden, müsste sie selbst endlos weiter gehen. Würde sie enden, gäbe es wieder Vakuum...

Jede gedachte Grenze in irgendeiner Form würde wiederum etwas darstellen, das Vakuum benötigt, also muss das Universum unendlich sein.

Das war der Schlüssel und Unendlichkeit war genau der passende Begriff dafür. Ein Ende ist logisch begründet nicht möglich. Die Unendlichkeit ist jedoch fundamental logisch belegbar. Ich sagte es Andreas und er dachte nach. Er blieb jedoch bei der Ansicht, dass

eine dicke Wand alles irgendwann beenden wird.
Ich war mir sicher, dass das nicht sein kann und betonte nochmals die wesentlichen Faktoren, die ein Ende unmöglich machten.
Keine Sorge, wir sind auch heute noch gute Freunde.

Kapitel 6:

Ewige Unendlichkeit?

Ganz zufrieden war ich mit dieser Erkenntnis über die Unendlichkeit noch nicht. Alleine die logische Schlussfolgerung, dass das „Universum" unendlich sein muss, erklärte seinen Ursprung nicht, falls es überhaupt einen Ursprung gab. Doch Unendlichkeit setzte voraus, dass sich das Universum nicht ausdehnt, sondern bereits unendlich ist. Die Ausdehnung einer bestimmten Zone in der Unendlichkeit könnte jedoch optisch betrachtet für einen Beobachter faktisch stattfinden.

Wenn wir zum Beispiel einen Nebel im Universum beobachten, der sich ausdehnt, dann beobachten wir nicht die Ausdehnung der Unendlichkeit, sondern eine Ausdehnung innerhalb einer Zone der Unendlichkeit von etwas, das wir Nebel nennen.

Wir haben zwei generelle Probleme. Erstens lassen unsere optischen Apparaturen nur einen begrenzten Blick in das Universum zu. Zweitens ist Unendlichkeit nicht überblickbar.

Wenn wir in die Unendlichkeit blicken, dann blicken wir immer in die Vergangenheit, da das Spektrum des Lichts, das beobachtet wird, Zeit benötigt, damit es von unseren optischen Geräten aufgefangen werden kann. Je länger wir eine Zone der Unendlichkeit betrachten und um so weiter wir optisch

vordringen, desto weiter blicken wir in die Vergangenheit zurück. Letztendlich ist der Begriff „Universum" falsch, da er Gesamtheit beschreibt. Unendlichkeit und Gesamtheit passen nicht zusammen, da Unendlichkeit eben Unendlichkeit ist und sich nicht als Gesamtheit von etwas Begrenztem definieren lässt.
Hier fangen bereits sprachliche Probleme mit der Definition an. Unendlichkeit ist niemals messbar und von jedem Punkt aus in jede Richtung unendlich. Somit kann Unendlichkeit nicht als Gesamtheit bezeichnet werden. Der Begriff Unendlichkeit sagt bereits alles aus.

Ewige Unendlichkeit? Ja!
Zudem bin ich der Überzeugung, dass die Unendlichkeit auch ewig ist. Ohne Anfang und ohne Ende. Dazu gibt es gleich mehr Informationen. Noch etwas Geduld bitte.
Ich werde vorerst bei dem Begriff Universum bleiben, weil er Ihnen vertraut ist.
Nach meiner Überzeugung gab es niemals einen Anfang, weil ein solcher unlogisch wäre. Ferner bin ich der Überzeugung, dass es schon immer eine Entwicklung/Veränderung gab. Doch alleine weil es meine Überzeugung ist sagt das nicht aus, dass es auch richtig ist.
Viele Wissenschaftler, die das Prinzip von Ursache und Wirkung wie ihre Westentasche

kennen, werden nun gewiss ihre Hände über dem Kopf zusammenschlagen und denken: „Ha, die Antwort auf das Problem will ich nun wissen, wie die Entwicklung begann."
Seien Sie bitte weiterhin neugierig. Neugierde ist meist gut und bringt oft neue Erfahrungen mit sich.
Also, lesen Sie bitte weiter.
Allein die Frage von meinem Freund, nach der Grenze des Universums, brachte mir die Erkenntnis, dass eine Grenze unlogisch wäre und dass Unendlichkeit die einzige Schlussfolgerung ist, die eine fundamentale und logische Erklärung ermöglicht.
Von der Unendlichkeit kam ich dadurch auf die Ewigkeit, weil es nicht NICHTS in unserem bisherigen Verständnis geben kann.
Unsere Vorstellung von NICHTS muss nach meiner Ansicht neu definiert werden. Das, was immer bleibt, ist das unendliche und ewige Vakuum.

Alles, das je begann, begann irgendwo und irgendwann.

Toller Satz, doch die Kernaussage ist leider, bezüglich des Alls, völlig falsch! Alles kann nicht begonnen haben. Etwas muss es schon immer gegeben haben, damit die Logik unverletzt bleibt! Und sobald es auch nur das kleinste Quäntchen gibt, ist sofort ewige Unendlichkeit die logische Schlussfolgerung. Dies erkläre ich nun exakt. Unserer Basis ist das Seiende und dies ist der zweite Schlüssel zu ALLEM!

> Hallo, ich bin **ein** Quäntchen! Ihr könnt mich nicht richtig erkennen, weil ich allein durch euere hochenergetische Beobachtung beeinflusst werde. Doch glaubt mir, ich bin da, da und auch da und jetzt schon wieder woanders! Ihr wollt meinen Ort und meine Geschwindigkeit gleichzeitig bestimmen? Beides werdet Ihr nie mit Gewissheit gleichzeitig erfahren. Euere Erpressungsversuche sind sinnlos. Doch weil ich da bin, bin ich auch irgendwo. Und da es für dieses Irgendwo niemals eine logische Grenze geben kann, existiere ich in der ewigen Unendlichkeit. Die Frage nach einem Anfang ist die falsche Frage. Ha, ha, ha! Wenn irgendetwas irgendwo begonnen hätte, dann hätte es dieses Irgendwo ja schon geben müssen und somit ärgere ich euch immer und ewig!

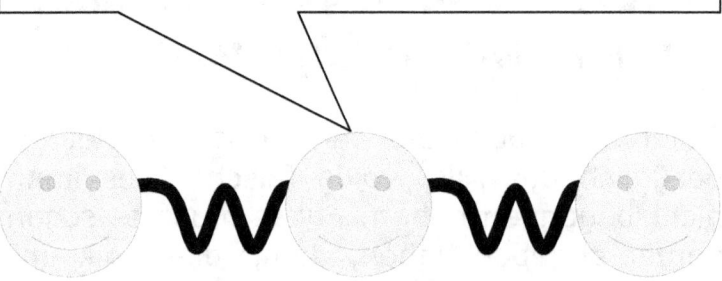

Betrachten wir den Satz -

„Alles, das je begann, begann irgendwo und irgendwann."

- nun genauer.

Dieses „Irgendwo" setzt ein Vakuum für seinen Beginn voraus.
Vorhergehend haben wir erkannt, dass das All logisch betrachtet unendlich sein muss. Zugleich definiert das „Irgendwann" einen unbekannten Zeitpunkt bezüglich des Beginns von ETWAS innerhalb einer Zone des unendlichen Vakuums, das seinerseits nur ewig sein kann.

Dieses Vakuum muss deshalb ewig und unendlich sein, da es die Grundvoraussetzung für jedweden Beginn von ETWAS ANDEREM ist.

Alles Seiende ist somit der Beweis für eine ewige Unendlichkeit und wenn es auch nur ein Quäntchen gäbe, so müsste dieses Quäntchen selbst entweder ewig und unendlich sein oder in ewiger Unendlichkeit existieren.

Ein Außerhalb der ewigen Unendlichkeit gibt es logisch betrachtet nicht.
Die Struktur der ewigen Unendlichkeit mit ihren Gesetzmäßigkeiten ist somit die zugrundeliegende Basis für jede uns bekannte und noch unbekannte Erscheinungsform.

Wäre nicht ewige Unendlichkeit, dann müsste sie begonnen haben und begrenzt definierbar sein.
Da für einen Beginn und die Definition seiner Grenzen jedoch wiederum ein ewiges und unendliches Vakuum die Voraussetzung ist und für seine Veränderung ebenso, beißt sich die Schlange hier in den Schwanz.
Dies beweist logisch, dass das Vakuum niemals begonnen haben und niemals irgendwo hin verschwinden kann, da es dann WOHIN verschwinden müsste, was wiederum ein Vakuum voraussetzt.
Es ist logisch betrachtet unmöglich, dass es einen Anfang des Vakuums gab oder ein Ende des Vakuums geben wird. Das unendliche und ewige Vakuum ist nach meiner Überzeugung der Universalschlüssel zu ALLEM, was wir heute definieren und zu ALLEM, das wir noch nicht kennen. Und so traurig es klingen mag, es ist unmöglich, dass wir in der ewigen Unendlichkeit jemals alles kennen können. Die grundlegende Natur der ewigen Unendlichkeit, welche logisch somit vollständig definierbar ist, verhindert dies.

Diese Erkenntnis war für mich selbst so tiefgreifend und bahnbrechend, weil sie meine gesamte Denkstruktur veränderte.
Wir können ersinnen, dass es ETWAS gibt. Da es ETWAS gibt, kann dieses Etwas nicht irgendwo hergekommen sein, wo ein absolutes NICHTS war. Dass NICHTS=ETWAS ist, werde ich noch genauer darlegen. Die Bezeichnung „irgendwo" ist bereits eine unbekannte Ortsangabe, die jedoch ein unendliches und ewiges Vakuum für eine Existenz voraussetzt.

Fazit:

NICHTS GIBT ES NICHT!
Die Natur der Erscheinungsformen ist eine seiende Natur!

Anhand der Gesetze der Logik ist die Tatsache, dass es Existenz gibt, der Beweis dafür, dass jedwede Art von Existenz nur in einem unendlichen und ewigen Vakuum existieren kann oder ihrerseits als Existenzform ewig und unendlich sein muss.
Lesen Sie es am besten nochmals, denn ich brauchte sehr lange, um meine Gedanken in Worte zu fassen. Da kann und werde ich es

Ihnen nicht zumuten und verlangen, dass Sie es sofort verstehen müssen.

Vielleicht trauen Sie meinen Aussagen nicht, weil Ihre Tasse noch gefüllt ist?

Ganz ehrlich, ich traute meinen Erkenntnissen über längere Zeit selbst nicht und es bereitete mir in der frühen Anfangsphase meiner Ideen schiere Qualen, meine Tasse zu leeren. Darum würde ich Ihnen Misstrauen bezüglich meiner Aussagen auch nicht übel nehmen. Ganz im Gegenteil!

Skepsis ist natürlich angebracht. Darum will ich mein Gedankenfundament folgend so darlegen, wie es mich letztendlich selbst überzeugte. Ich benutzte dazu wieder einen Trick aus meinem Job. Ich stellte wieder Fragen, die logische Antworten erforderten.

Ich behaupte mit logischer Untermauerung also, dass das All unendlich, ewig ohne Anfang und ohne Ende ist. Ferner behaupte ich, dass sich nur Zonen der Unendlichkeit lediglich verändern und sich zum Beispiel ausdehnen oder zusammenziehen. Hm, das kann jeder behaupten, das bedeutet nicht, dass es wahr ist.

Also, machen wir einen logischen Test. Wie? Wir fragen nach. Wen? Unseren eigenen gesunden Menschenverstand.

Machen Sie bitte mit, denn ich kann Ihnen hier nur die Ausgeburten meines Verstandes anbieten. Das bedeutet nicht, dass ich unwiderruflich richtig liege.

Erste Frage:
Kann das Universum endlich sein?
Schlussfolgern wir.
Wir können beobachten, dass ETWAS ist. Das ist unsere Ausgangsbasis. Um es genauer zu definieren ist alles etwas, ganz unabhängig davon, ob wir es beobachten können.
Alles was ist, benötigt ein Etwas, in dem es existent sein kann.
Etwas, das in irgendeiner Form existiert, befindet sich immer innerhalb einer definierbaren Zone von etwas Anderem. Dieses Andere befindet sich selbst ebenfalls entweder wiederum in der Zone von etwas Anderem **oder es ist selbst unendlich und ewig.**

Warum?

Nun, wäre dieses Etwas begrenzt, würde es seinerseits ein anderes Etwas für seine begrenzte Existenz benötigen. Das gilt für jede gedachte stoffliche, feinstoffliche oder wellenartige Existenz. Auch dann, wenn wir uns etwas als geschossene Kugel vorstellen oder als gekrümmte Form, muss dieses Gedachte in einem Etwas existieren oder selbst ein Etwas darstellen, das wiederum nicht begrenzt sein kann, da es keine definierbaren stofflichen, feinstofflichen oder wellenartigen Grenzen ohne einem unendlichen und ewigen Etwas geben kann.

Ein Etwas mit Grenzen ergäbe wiederum den Fakt, dass es nach seinen Grenzen ein weiteres Etwas geben muss.

Wir könnten also lediglich sagen, dass sich die, <u>nach unserer Definition,</u> begrenzte Existenzform von X in einer Zone der Existenzform von Y befindet. Dies geht unendlich so weiter. Ich benenne dieses Etwas als Vakuum. Warum ich dies tue, wird noch exakt definiert.

Testen Sie es selbst. Stellen sie sich irgendein Etwas vor. Beschreiben Sie seine Grenzen und beobachten Sie, was es umgibt. Beschreiben Sie erneut die Grenze dieser Umgebung und denken Sie dies nun bitte immer weiter.

So bald Sie bemerken, dass es tatsächlich nach logisch korrekten Richtlinien nie enden wird, können Sie dieses Gedankenexperiment beenden. Führen Sie das Experiment jedoch so lange weiter, bis Sie selbst von Unendlichkeit überzeugt sind, oder eben nicht.

Grenzen sind von uns nur - nach unserer menschlichen Auffassung von Grenzen - definierbar.

Der Begriff Vakuum, **mit einer Begrenzung,** ist somit für die Unendlichkeit nicht zutreffend. Der Mittelpunkt der Unendlichkeit ist somit überall und nirgendwo.

Die Aussage, dass die Erde zu jeder Zeit der Mittelpunkt der ewigen Unendlichkeit ist, kann somit als richtig beurteilt werden. Doch ebenso könnte jeder andere Punkt als Mittelpunkt der Unendlichkeit benannt werden. Da Unendlichkeit jedoch keine Form besitzt, hat der Begriff „Mittelpunkt" keinen definierbaren Wert im mathematischen Sinne, da er sich auf keine Grenzen bezieht.

Zweite Frage:
Ist die Unendlichkeit ewig?
Analysieren wir wieder logisch. Wenn die Unendlichkeit einen Anfang gehabt hätte, wo wäre sie dann vor ihrem Anfang gewesen? Darauf gäbe es keine logische Antwort.
In welchem Medium wurde sie zur Unendlichkeit, wenn nicht bereits Unendlichkeit vorhanden war. Was war anstatt der Unendlichkeit?
Darauf gibt es keine logische Antwort.
Also muss die Unendlichkeit nach den Regeln der Logik ewig und unendlich sein.
Die logische Schlussfolgerung daraus ist wiederholt, dass es NICHTS im Sinne unseres menschlichen Denkens nicht gibt. Das Nichts ist ein menschlicher Irrtum. Sowohl in philosophischer wie auch in physikalischer Hinsicht.
Oder anders ausgedrückt: „Wir müssen uns wohl oder übel damit abfinden, dass NICHTS nicht das Fehlen jedweder Existenz ist. NICHTS=ETWAS und somit eine eigene Existenz. Diese seiende Existenz ist das ewige und unendliche Vakuum mit seinen Gesetz-

mäßigkeiten und den daraus resultierenden Erscheinungsformen.
Wenn ich eine Tasse mit Tee ausschütte kann ich nicht behaupten, dass nun nichts mehr in der Tasse ist. Ich kann nur behaupten, dass kein Tee mehr in der Tasse ist. Selbst sprachlich stößt man dabei an Grenzen. Sehen Sie, schon wieder Grenzen und auch diese wurden durch ein menschliches Gehirn definiert. Ich bin also davon überzeugt, dass dieses sogenannte „NICHTS" untrennbar mit dem gleichzusetzen ist, was als „ETWAS" bezeichnet wird. Der Fehler liegt nicht in der Sache, sondern an der sprachlichen Definition und Anwendung.

Dritte Frage:
Kann die ewige Unendlichkeit plötzlich verschwinden?
Wenn die ewige Unendlichkeit plötzlich verschwinden würde, was wäre dann unendlich dort, wo sie zuvor unendlich war? Wohin könnte die Unendlichkeit verschinden? Sie ist selbst unendlich und somit gibt es keine weitere Möglichkeit für ein Verschwinden.
Da Unendlichkeit keine Grenzen hat, kann sie sich von außen her auch nicht nach innen zusammenziehen, da es kein logisch definierbares Außen oder Innen gibt.
Einzig wahr ist es in unserem menschlichen Sinne, dass sich **von uns definierte Zonen** der ewigen Unendlichkeit verändern können.

Die gesetzmäßige Natur dieser Veränderungen können wir beobachten.
Es sind ständige Veränderungen nach gut erkennbaren und nachvollziehbaren Gesetzmäßigkeiten, die fließend ineinander greifen.
Ebenso dürfen wir nie vergessen, dass wir durch unsere Beobachtungen bereits gewisse Ergebnisse verfälschen.
Zudem sehen wir nie etwas tatsächlich. Die Bilder entstehen letztendlich immer in unserem Wahrnehmungsapparat „Gehirn", der von der Außenwelt Input über elektromagnetische Wellen bekommt und diese dann in elektrische Signale umwandelt. Beim Hören sind es Schallwellen, die für uns in Geräusche umgewandelt werden und so weiter.
Da wir in den von uns definierten Zonen der ewigen Unendlichkeit mannigfache stoffliche, feinstoffliche und wellenartige Existenzen auf diese Weise beobachten können, **so wie wir das benennen**, gibt uns dies einen ersten Hinweis darauf, wie die Struktur der ewigen Unendlichkeit beschaffen ist.
Die Struktur zeigt uns ständige Veränderung in mannigfacher Art und Weise.
Ein ständiger Akt der Veränderung und somit der Schöpfung ist das Wesen der ewigen Unendlichkeit.
Menschen neigen zwar dazu, dass sie gewisse Veränderungen aus ihrer Sicht als Zerstörung definieren, doch jede Art der Ver-

änderung ist **IMMER** ein Schöpfungsakt von etwas Anderem.

Dass wir als Menschen dies teilweise als Zerstörung beurteilen, ist dabei aus logischer Sicht völlig unrelevant.

Verzeihen Sie mir bitte meine Wiederholungen in ähnlicher Weise. Doch, um sich gedanklich von einem Anfang, einem Ende und von Grenzen zu befreien, ist es notwendig, sich diese logischen Gedanken mehrmals zu Gemüte zu führen. Das Ergebnis ist im Falle des Verständnisaugenblicks jedoch ein kristallklares Erkennen, dass jedwede Existenz der Beweis für eine ewige Unendlichkeit ist und dass die Vorstellung von einem Anfang von ALLEM nur eine Ausgeburt der menschlichen Hirnprogrammierung ist.

Nun wird es richtig spannend!

Kapitel 7:

Gott ist die ewige und schöpferische Unendlichkeit!

Wir konnten logisch nachweisen, dass die Unendlichkeit ein logischer Fakt ist, dass sie ewig sein muss und wir haben ihre grundlegende Gesetzmäßigkeit erkannt.

Die ewige Unendlichkeit ist durch ihre eigenen Gesetzmäßigkeiten ständig dabei, durch Veränderung Dinge und Zustände zu erschaffen. Sie ist somit ununterbrochener schöpferischer Natur!

Dies kann dadurch logisch fundamentiert werden, da wir durch Beobachtungen und durch unsere eigene Existenz wissen, dass alles ist, dass sich alles in stetiger Veränderung befindet und dass es NICHTS nicht geben kann, so wie es bislang definiert wurde.

Dass ALLES etwas ist und somit NICHTS=ETWAS ist, ist die grundlegende Gesetzmäßigkeit der ewigen Unendlichkeit, die sich durch ständige Dynamik als **absolut kreativ und schöpferisch erweist.** Denn dies ist es, was beobachtet und logisch untermauert werden kann. Eine andere grundlegende Basis für unsere Forschungen - als Existenz - haben wir nicht. Alles ist somit deswegen in seiner bestimmten Art und Veränderungsweise existent, weil es den schöpferischen Gesetzmäßigkeiten der ewigen Unendlichkeit entspricht.

Wäre die ewige Unendlichkeit nicht schöpferischer Natur, dann wäre alles ewige, konstante und unveränderliche Unendlichkeit ohne ununterbrochene Neuschöpfung im Kleinen und im Großen.

Da wir jedoch das Gegenteil wahrnehmen können, ist die einzig logische Schlussfolgerung, dass die Gesetzmäßigkeit der ewigen Unendlichkeit einem logisch dazu zwingt, dass sie als absolut kreative Schöpfungsmacht bezeichnet werden muss.

Tiefgründig durchdacht vereint diese Erkenntnis alle Wissenschaften und Religionen.
„Gott" entspricht somit der ewigen und schöpferischen Unendlichkeit.

GOTT =
EWIGE UND SCHÖPFERISCHE UNENDLICHKEIT!

Denken Sie jetzt vielleicht, dass diese Behauptung sehr gewagt und weit hergeholt ist? Oder, dass ich nun absolut durchgeknallt bin?

Ich bin der Ansicht, dass sich diese Erkenntnis logisch aus den neu gestellten Fragen ergibt. Ich habe somit durch das Schreiben dieses Buches für mich selbst zu Gott gefunden.

Mit meinem ursprünglichen angetauften Glauben hatte ich schon immer das Problem, dass ich die üblichen Kindheitsfragen wie zum Beispiel: Wo ist Gott? Wo kommt das her, wo Gott ist und woher das und woher das...

Schon diese Fragen führen logisch zur Unendlichkeit hin. Nachdem ich jedoch zu Gott gefunden habe, empfinde ich ehrliche und tiefe Ehrfurcht vor allen Religionen und werde dieses Kapitel sehr sorgfältig und mit dem angebrachten Feingefühl und großem Respekt behandeln.

Eine Vereinigung der Naturwissenschaften und der verschiedenen Glaubensrichtungen wäre der absolute Durchbruch und könnte die gesamte Weltanschauung verändern. Deshalb will ich gemeinsam mit Ihnen sehr sorgfältig überprüfen, ob diese fundamentale Behauptung auch nachweisbar und tragbar ist.

Für solch eine Prüfung muss ich nun Aussagen aus verschiedenen Glaubensbüchern nehmen und sie daraufhin überprüfen, ob meine logischen Schlussfolgerungen bei einer Gegenüberstellung mit verschiedenen religiösen Schöpfungsdarstellungen und Aussagen noch Bestand haben können.

Ich werde mich dabei auf die sehr wesentlichen Gemeinsamkeiten der verschiedenen Religionen bezüglich der Schöpfung und anderer wichtiger Kernpunkte konzentrieren. Ich nehme dazu die überwiegende gemeinsame Schnittmenge aus den bekanntesten Glaubensbüchern als Beispiele und definiere sie allgemeinverständlich.

Test:

Ist die schöpferische und ewige Unendlichkeit gleich Gott?

1. Aussage aus verschiedenen Glaubensbüchern:
„**Gott erschuf die Erde, den Menschen und alle anderen Geschöpfe.**"

Vergleich: Da die ewige und schöpferische Unendlichkeit alles hervorbringt, was wir als „Dinge" bezeichnen, stimmt die religiöse Aussage mit meinen logischen Schlussfolgerungen völlig überein.

2. Aussage aus verschiedenen Glaubensbüchern:
„Gott erschuf Himmel und Erde."

Vergleich: „Leider ist nach meiner Information nirgendwo exakt-, oder besser gesagt einstimmig definiert, was genau mit dem Himmel gemeint ist. Doch wenn der Himmel mit seinen stofflichen, feinstofflichen und wellenartigen Existenzen gemeint ist, dann stimmt auch diese religiöse Aussage mit meinen logischen Schlussfolgerungen überein. Selbst dann, wenn etwas Metaphysisches als „Himmel" gemeint wäre, wäre dieses Gedankenkonstrukt nichts Anderes, als Teil der schöpferischen und ewigen Unendlichkeit.

3. Aussage aus verschiedenen Glaubensbüchern:
„Gott erschuf das Universum."

Vergleich: „Universum" wird als „Gesamtheit aller Dinge" bezeichnet. Eine Gesamtheit lässt sich nur innerhalb einer begrenzten Zone definieren. Das, was als Universum bezeichnet wird, muss mit absoluter Konsequenz als Zone der ewigen und schöpferischen Unendlichkeit verstanden werden und darf nicht mit ewiger kreativer Unendlichkeit gleichgesetzt werden. Somit stimmt auch diese religiöse Aussage mit meinen logischen Schlussfolgerungen überein. Das „Universum" ist somit nicht mit der ewigen Unendlichkeit gleichzusetzen! Die Aussage des Begriffs ist dazu ungeeignet.

4. Aussage aus verschiedenen Glaubenbüchern:
„Gott" ist überall zu finden, zu jeder Zeit.

Vergleich: Da die ewige und schöpferische Unendlichkeit immer überall ist, stimmt auch diese religiöse Aussage mit meinen logischen Schlussfolgerungen überein.

5. Aussage aus verschiedenen Glaubensbüchern:
„Gott erschuf die Engel und ..."

Vergleich: Da jede Form von Existenz eine Schöpfung der ewigen und schöpferischen Unendlichkeit ist, stimmt auch diese religiöse Aussage mit meinen logischen Schlussfolgerungen überein.

6. Aussage aus verschiedenen Glaubensbüchern:
„Gott ist groß und allmächtig."

Vergleich: Ewige und schöpferische Unendlichkeit ist an „Größe" und Allmacht nicht zu übertreffen. Somit stimmt auch diese religiöse Aussage mit meinen logischen Schlussfolgerungen überein.

7. Aussage aus verschiedenen Glaubensbüchern:
„Gott sprach zu ..."

Vergleich: Jeder Gedanke und jedes gesprochene Wort ist Teil der ewigen Unendlichkeit. Egal, welche Wesenform auch immer zu jemandem gesprochen oder sich durch eine Vision mitgeteilt hat, es wäre immer eine untrennbare Erscheinungsform, Vision oder Eingebung der ewigen Unendlichkeit gewesen.

8. Aussage aus verschiedenen Glaubensbüchern:
„Gott ist für den Menschen nicht vorstellbar, seine Größe nicht fassbar"

Vergleich: Ewige Unendlichkeit trifft da exakt zu, da sie niemals völlig zu ergründen oder zu erfassen ist.

**9. Aussage aus verschiedenen Glaubensbüchern:
„Gott wurde nicht erschaffen, er selbst ist der Erschaffer."**

Vergleich: Auch dieser wesentliche Faktor deckt sich völlig mit meinen Ansätzen. Wie gut er sich deckt, werden Sie an späterer Stelle noch genauer erfahren.

**10. Folgend eine spezielle Aussage aus dem Koran:
Sure 16: Vers 18.
„In diesem unendlichen Universum werden stets neue Phänomene entdeckt, weil Gott der Schöpfung hinzufügt, was Er will."**

Vergleich: Hier ist wörtlich von der Unendlichkeit des Universums die Rede. Gott fügt der Schöpfung hinzu, was er will. Das entspricht einem Entstehen nach Gottes Gesetz. Da ich Gott als ewige Unendlichkeit mit all ihren Gesetzmäßigkeiten verstehe, könnte ich es nicht besser definieren, als es im Koran bereits steht. Ich setze lediglich den Begriff „Universum" nicht mit ewiger Unendlichkeit gleich.
Der Koran bietet auch an vielen anderen Stellen Wissen an, das von der Wissenschaft erst in den letzten Jahrzehnten

bestätigt wurde. Unter anderen erstaunlichen Dingen sind auch verschiedene bewohnte Welten darunter zu finden und andere Wesensformen. Ich empfand es als eine große Bereicherung, den Koran zu lesen und dies tat ich mehrmals mit großem Interesse.

11. Folgend eine spezielle Aussage aus dem Thomas Evangelium, das 1945 entdeckt wurde und eine koptische Übersetzung aus dem Griechischen darstellt:
"Jesus sprach: Das Reich Gottes ist in dir und um dich herum. Spalte ein Stück Holz und ich bin da. Hebe einen Stein auf und du wirst mich finden".

Vergleich: Das trifft genau den Punkt, dass jedwede Erscheinungsform an jedem Ort zu jeder Zeit ein untrennbarer Teil Gottes ist!
Was mich an diesen Erkenntnissen nun sehr fasziniert ist, dass ich mir Gott nicht mehr außerhalb von allem vorzustellen brauche, so wie es mir einst mein netter Pfarrer erklärte. Doch genau damit, dass ich mir laut meiner damaligen Religion - Gott außerhalb vom Universum vorstellen sollte, - kam ich mit meiner logischen Denkweise nicht klar.
Es gibt also keinerlei Widersprüche zwischen den Schnittmengen verschiedener Glaubensbücher und anderer Aussagen bezüglich der

Denkweise, dass Gott die ewige, kreative und schöpferische Unendlichkeit ist, in deren Zonen wir als untrennbarer Bestandteil existieren. Jedwede Existenz ist somit ein schöpferischer Teil von Gott. Gott ist allgegenwärtig. Gottes Gesetze sind es, die jede Art von dem hervorbrachten und hervorbringen, das wir sprachlich als Existenz bezeichnen. Gott bewirkt jede Art von Veränderung und ist untrennbarer Teil davon. Näher will ich darauf gar nicht eingehen, da sich die verschiedenen Glaubensrichtungen in vielerlei anderen Punkten leider uneinig sind.

Ich bin der Ansicht, dass dieser alte Streit zwischen den Glaubensrichtungen untereinander und der Streit zwischen den Wissenschaften und den Glaubensrichtungen nun endlich beendet werden kann. Da es sich ganz klar herauskristallisiert, dass die ewige und schöpferische Unendlichkeit das ist, was wir Menschen als „Gott" definieren, ist jeder Streit sinnlos. Auch jede Naturreligion und jeder Sonnenkult betet prinzipiell Schöpfungsformen der ewigen und schöpferischen Unendlichkeit an, nur eben auf bestimmte Schöpfungsformen begrenzt.

Genau genommen ist Gott ALLES! Dieses Buch, Sie, Ihre Gedanken – EINFACH ALLES. Somit sind auch alle Propheten untrennbarer Teil von Gott und somit auch ihre Gedanken, Visionen und Eingebungen. Ebenso trifft dies auf jeden Wissenschaftler und auch mich als Schreiberling dieses Buches zu. Zu erkennen, dass ALLES ewige und unendliche Schöpfung ist, macht uns nicht klein, sondern zu einem untrennbaren Teil davon.

Ich will niemandem diese für mich sehr tiefgreifende Erkenntnis aufzwingen. Ich bin Gott dankbar dafür, dass „ER" mir als Teil seiner Selbst, diesen kleinen Blick über den Tellerrand erlaubt hat. „ER" ist eigentlich falsch, denn es ist eine weibliche Form. Sowohl „**die** ewige Unendlichkeit„ sowie auch „**die** unendliche Ewigkeit", entsprechen der weiblichen Form. Somit wäre der Begriff Göttin passend. Da ich jedoch nicht weiß, wie sich dies in allen anderen Sprachen darstellt, werde ich es bei Gott belassen. Der Korrektheit halber wollte ich es jedoch erwähnen.

Durch diese gesamten Erkenntnisse bin ich tatsächlich zutiefst gottesgläubig geworden und ich fühle mich unendlich wohl dabei.

Ich danke Gottes kreativen Gesetzmäßigkeiten dafür, dass ich durch sie einen Verstand bekam und alles erfahren durfte, das mir bislang widerfahren ist.

Es ist schwer mit Worten zu erklären, welche tiefgreifenden Gefühle durch diese Erkenntnis in mir ausgelöst wurden. Doch eines ist gewiss, Gott verdient all meine ehrliche Liebe, da es Gott war, der mich durch seine Gesetzte als sein Geschöpf hervorbrachte. Als untrennbarer Teil seiner Selbst ermöglicht er es mir, Liebe zu empfinden, zu sehen, zu suchen und zu finden.

Ich hatte seit Jahrzehnten nicht mehr gebetet, da ich immer dachte, dass da nichts sei, das meine Gebete empfangen würde. Doch dieser Gedanke war völlig falsch. Gott ist überall und somit auch in mir. Wenn ich also bete, dann bete ich so direkt zu Gott, dass es direkter nicht geht.

Ich starrte früher nachts oft in den Himmel und fragte mich, ob Gott wohl irgendwo da draußen ist.

Als mir plötzlich kristallklar bewusst wurde, dass ich Gott nun untrennbar von jedweder Existenz gefunden hatte, strömte es mir mehrmals eiskalt durch mein Hirn und den Rücken hoch und runter. Ich hatte ein bewusstseinsveränderndes Gefühl, das noch immer anhält. Es ist das Gefühl, dass ich am liebsten die ganze Welt voller Liebe und Zuversicht umarmen will.

Sich darüber bewusst zu werden, dass das sogenannte **ICH** ein untrennbarer Teil der ewigen und schöpferischen Unendlichkeit ist, hat etwas Großes und Einmaliges an sich, wenn dieses **ICH** es erst einmal zulässt, dies als Gedankengut anzunehmen.

Es war traurig zu verstehen, dass ich so viele Jahre offensichtlich taub und blind durch die Welt irrte und etwas suchte, das überall da war und da ist. Alles, ja, einfach alles ist ein untrennbarer Teil Gottes. Gott offenbart sich uns durch jedwede Art unserer Wahrnehmung, da alles was ist auf unendlicher Schöpfung beruht.

Ich will ganz ehrlich zu Ihnen sein, wenn mir noch vor kurzer Zeit jemand gesagt hätte, dass ich durch Astronomie und Kosmologie zu Gott finden würde, dann hätte ich dieser Person ein hämisches Lächeln zugeworfen.

Es ergibt auf einmal alles einen so tiefen Sinn, wenn das **ICH** die ewige Unendlichkeit als Gott erkannt hat.

Gott ist damit nicht mehr der außerhalb stehende Teil, sondern der unendliche und ewige Schöpfer, der alles ausmacht und der von allem untrennbar ist. Ich würde am liebsten in die Welt hinausbrüllen, dass sich die Vertreter/innen sämtlicher Wissenschaften und Glaubensrichtungen endlich umarmen und ihren sinnlosen Streit niederlegen sollten!

Es ist an der Zeit!

Verzeihen Sie mir bitte diesen Gefühlsausbruch, doch mir war es sehr danach, dies niederzuschreiben.

Unser programmiertes Denken von Grenzen, Anfang und Ende wird also bezüglich des Universums widerlegt, wenn die richtigen Fragen stellt und diese mit Logik beantwortet werden.

Am Ende dieser logischen Schlussfolgerung erkannte ich, dass ich Gott gefunden hatte, obwohl ich nicht direkt danach suchte. Für mich ist das eine sehr befriedigende und tiefgreifende Erfahrung.

Nach dem Probelesen dieses Buches wurde ich von einer jungen Dame darauf aufmerksam gemacht, dass der irische Freidenker und Aufklärer John Toland bereits im Jahre 1709 eine Darlegung seines eigenen Glaubens formulierte, der noch heute als **Pantheismus** in den Lexika zu finden ist. Die Darlegung und Formulierung von John Toland soll sich weitgehend mit der meinen decken und andere sollen nach ihm zu ähnlichen Gedanken gekommen sein.

Da andere Menschen vor mir eine sehr ähnliche Erkenntnis hatten, muss und will ich dies hier nicht unerwähnt lassen. Ich gebe Ihnen jedoch mein Ehrenwort darauf, dass ich zuvor noch nie etwas von Pantheismus gehört hatte. Es freut mich zutiefst, dass andere Menschen zu sehr ähnlichen Schlussfolgerungen kamen.

Doch nun zurück zum Kernthema.

Ewige und schöpferische Unendlichkeit ist logisch und lässt keine Frage unbeantwortet. Die Voraussetzung für das Verständnis ist die Mühe, diese gesamte Denkarbeit zu bewältigen.
Bei der Urknallthese gibt es aber zig unbeantwortete Fragen und unlogische Schlüsse, was zum Beispiel ein Davor und die Ausdehnung betrifft, um nur einige bekannte Punkte nochmals zu benennen.
Von der Feststellung, dass die schöpferische Unendlichkeit ewig ist, lässt sich eine logische Schlussfolgerung ableiten. Es ist eine Antwort auf eine Frage, welche die verschiedensten Wissenschaften schon lange bewegt.
Es ist die tiefgreifende philosophische Frage:

„Warum ist nicht Nichts?"

Dies wäre somit beantwortet.

Die grundlegende Natur, der ewigen und schöpferischen Unendlichkeit, ist nach logischer Analyse die schöpferische EXISTENZ. Es ist also deswegen ETWAS, weil es der seienden Natur der ewigen und schöpferischen Unendlichkeit und somit Gott entspricht. Generelle NICHTEXISTENZ in diesem Sinne ist nach den gemachten Erkenntnissen unlogisch und jederzeit widerlegbar.

Jedwede Existenzform war, ist und wird für ewig ein existenter und veränderlicher Teil der ewigen und schöpferischen Unendlichkeit sein.

Dabei ist es völlig gleichgültig, wie und wann sich eine Existenzform verändert.

NICHTS=ETWAS
und
ALLES=GOTT

Eine weitere Konsequenz die sich daraus ergibt, ist jene der unendlichen Energie. Laut derzeitiger Physik gibt es keine unendliche Energie. Nach meiner logischen Beweisführung ist

unendliche Energie ein
MUSS!

Kapitel 8:

Ein neues Postulat für den Urknall!

Ein Postulat ist eine Forderung für eine plausibel erscheinende These. Solch einer Forderung bedarf es dann, wenn eine damit zusammenhängende und im Vorfeld gemachte Aussage, Theorie und so weiter ansonsten als äußerst fragwürdig oder gar widersprüchlich erscheinen würde. Es gibt so viele verschiedene Postulate in den verschiedensten Wissenschaften, dass mich dies sehr nachdenklich stimmt. Postulate sind quasi bequeme Elemente aus nicht gänzlich zu beweisenden Thesen, die etwas absolut Unverstandenes ohne logischen Beweis zu etwas Verständlichem erpressen.

So nach dem Motto: „So **MUSS** es sein." Doch dieses MUSS kann dann nicht logisch fundamentiert werden, sondern es wird schlechthin herbeigezaubert.

Ein bekanntes Beispiel für ein Postulat:

Gleichgeladene Teilchen, wie zum Beispiel Protonen, stoßen sich ab. Es gibt den vergleichbaren Effekt bei zwei Magneten, die sich an den gleichen Polen ebenfalls abstoßen. Da sich gleichgeladene Teilchen in den Atomkernen jedoch offensichtlich nicht abstoßen, was ein Widerspruch ist, musste ein Postulat her. Man nannte dieses postulierte Teilchen dann passend Gluon. Es ist abgeleitet aus dem englischen Begriff „Glue", was so viel wie „Kleber und Klebstoff" bedeutet. Anstatt sich zu überlegen, ob nicht ein ganz gravierender Fehler im derzeitigen Atommodell bestehen könnte, wurde ein Klebstoff postuliert. Damit konnte auf unbewiesene Art und Weise formuliert werden, warum Teilchen, die sich normal abstoßen müssten, doch zusammenbleiben.

Gerade diese Erkenntnis, bei der logisch betrachtet sofort zu bemerken ist, dass etwas **ganz gewaltig** nicht stimmt, sollten sich die Forscherinnen und Forscher in den entsprechenden Institutionen meiner Ansicht nach um neue Modelle des Atommodells bemühen, anstatt einen postulierten Klebstoff zu akzeptieren. Damit das alte Modell unbegründet gerettet werden kann, sollten nicht fiktive Gedanken aus dem Zauberzylinder gezogen werden, um dann sagen zu können:

Jo mei, passt scho, gä!?

Die Gefahr solch einer Rettung ist, dass solche Postulate dann nach und nach in die Schulbücher einkehren und den Studentinnen und Studenten als Lernstoff einprogrammiert und von Generation zu Generation weitergegeben werden. Zudem sind oft weitere Postulate die Folge, wenn bereits eines für ein bestimmtes Problem übernommen wurde. Die Teilchenphysik ist da nicht verlegen, wenn es darum geht, etwas zu postulieren. Ganz im Gegenteil!

> So nach dem Motto ...

Meine lieben Studentinnen und Studenten, bitte den Mund schön weit aufmachen, denn hier gibt's löffelweise unbeweisbare Postulate und die müssen gefressen werden! Eine Widerrede wird nicht akzeptiert!

<u>Geht's noch?</u>

Das erste „Beweis" für das Gluon wurde beim Deutschen – Elektronen – Synchrotron in Hamburg beim PETRA Speicherring bereits 1979 **laut Wissenschaft** erbracht. Um verstehen zu können, was ein Gluon tatsächlich sein soll, muss sich jede/r Interessierte mit dem Standartmodell der Teilchenphysik **sehr intensiv** beschäftigen. Erst, wenn dies bewältigt wurde ist zu erkennen, welche mathematischen Probleme sich mit diesem Teilchen ergeben. Ich kann Ihnen nur empfehlen im Internet nach diesem Standartmodell zu recherchieren, sich einzuarbeiten und dann selbst zu urteilen. In diesem Buch will ich Sie jedoch davor bewahren, da es ein Thema ist, das ein separates Buch füllen würde.
Einige Fachexperten sagen, dass ein Gluon kein Postulat, sondern vielmehr eine Vorhersage sei. Dem Begriff „Vorhersage" wird dabei viel Wert beigemessen. Von Wortklaubereien halte ich nicht viel, doch ich wollte es nicht unerwähnt lassen.
Sie können sich nicht vorstellen, wie viele Gedankenansätze ich schon bezüglich meiner These hatte, die ich über längere Sicht wieder verwerfen musste, da sie ohne zu viele Postulate einfach kein festes und logisches Fundament bekamen. Es tut weh, sich von solchen Ansätzen zu trennen, wenn sie zuerst vielversprechend erscheinen, dann jedoch ohne Postulat nicht akzeptabel sind.

Oft war es auch so, dass ich eine Idee ruhen und reifen lassen musste, um sie zu einem späteren Zeitpunkt neu aufzugreifen und neu zu überdenken. Ein guter Zeitpunkt für solch ein Wiederaufgreifen ist dann gegeben, wenn neue Erkenntnisse und Ideen neue Möglichkeiten offenbaren. Hätte ich meine erste Idee durch Postulate ergänzt, dann hätte sie schon irgendwie gepasst. Auf jeden Fall hätte ich Ihnen irgendetwas völlig Hingemurkstes präsentieren können.

Doch frage ich mich selbst als Laie:
Soll man so vorgehen? Darf man so vorgehen? Ist das noch saubere Wissenschaft?
Meine Antwort darauf ist ein klares **NEIN!**
Auch bei der Urknallthese gibt es zig rein spekulative Annahmen und somit postuliere ich auf der folgenden Seite auch etwas dazu.

Es ist eine Forderung bezüglich der Bewegungsrichtung des Urknalls.

Ich fordere ein Zurückziehen an einen Ort, wo zukünftige Studentinnen, Studenten und Interessierte davor bewahrt bleiben.
Dazu erfahren Sie gleich mehr.

Bitte warten ...

Goodbye Big Bang!

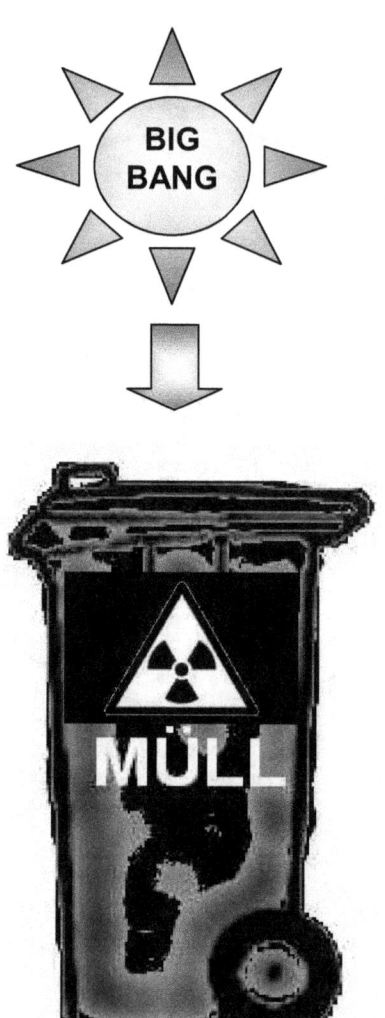

Kapitel 9:

Ist die Tasse noch gefüllt? Dann helfen „Schwarze Löcher" und andere Fakten!

Die folgenden Informationen schreibe ich für jene Menschen, die noch immer daran festhalten wollen, dass es den Urknall gab.
Ich legte die Definition der Kosmologie bezüglich des Urknalls bereits ausführlich dar.
Nun gibt es ein **GROßES PROBLEM**, das von vielen Kosmologen, Astronomen und Astrophysikern nach meiner eigenen Erfahrung nicht gern diskutiert wird. Es sind die bereits erwähnten Phänomene, die als „Schwarze Löcher" bezeichnet werden.
Wie ich versprach, werde ich dieses Thema wiederholen und noch ein wenig genauer durchnehmen.
In der Astronomie wird grundsätzlich zwischen zwei Hauptarten von Schwarzen Löchern unterschieden. Es gibt noch weitere Unterteilungen. Diese sind hier jedoch unrelevant.
Als „Stellare – „Schwarze Löcher"" werden jene bezeichnet, welche nach dem Endkollaps einer Sterns entstehen, der ursprünglich mindestens die zehnfache Masse unserer Sonne hatte. Bezüglich der benötigten Ausgangsmasse gibt es ganz unterschiedliche Meinungen unter den Fachleuten. Fakt ist je-

doch, dass ein Stern ab einer bestimmten Ausgangsmasse zu einem „Schwarzen Loch" kollabiert.

Der Prozess, der zum Kollaps eines solch massereichen Sterns führt, ist dieser:

Der Wasserstoffvorrat des Sterns „verbrennt" mit der Zeit. Durch diese „Verbrennung" wird aus zwei Wasserstoffatomen jeweils ein Heliumatom durch den Fusionsprozess erzeugt. Das Helium „brennt" zunächst nicht, sondern lagert sich im Kern des Sterns ab. Wenn im inneren Bereich nur noch Helium vorhanden ist, zapft der Fixstern seine Wasserstoffreserven von seinen äußeren Bereichen an und „verbrennt" nun diese. Dabei bläht sich der Fixstern immer weiter auf, da der Druck von innen größer wird, als die entgegengesetzte Wirkung der Gravitation. Es entsteht immer mehr Helium im Zentrum bei diesem Prozess. Der Druck des Heliums wird irgendwann so groß, dass auch dieses mit einem „Verbrennungsprozess" beginnt. Bei dieser „Verbrennung" entsteht das schwerere Element Kohlenstoff, dann Sauerstoff, Silizium, Magnesium bis hin zu Eisen. Dabei laufen oft mehrere Reaktionen gleichzeitig ab. Nach und nach bekommt der Stern vom Kern aus gesehen immer mehr Schalen mit verschiedenen Elementen, wobei stets das schwerste Element im Zentrum und die jeweils leichte-

ren auf der entsprechenden nächstäußeren Schale zu finden sind. Der Fusionsprozess geht nur bei Sternen mit mindestens zehnfacher Sonnenmasse so lange weiter, bis im Kern nur noch Ferrum (Eisen) vorhanden ist. Bei Eisen stoppt die Fusionskette, da aus der Fusion zweier Eisenatomkerne keine Energie mehr gewonnen werden kann. Der gesamte innere Eisenkern des Sterns wird schließlich so schwer, dass er unter seinem eigenen Gewichtsdruck in sich zusammenfällt. Dabei stürzt auch die gesamte Gashülle des aufgeblähten Sterns mit enormer Geschwindigkeit in die Richtung des kollabierten Eisenkerns. Dort prallen die Gase ab und es folgt eine gewaltige Explosion, bei der ein Teil des Sternrestes nach außen explodiert.
Astronomen nennen dieses Ereignis eine Supernova und bei größeren Dimensionen auch Hypernova.
Während des langen Zeitabschnitts der Aufblähung eines Sterns wird er von Astronomen als Roter Riese bezeichnet. (Es gibt noch weitere Bezeichnungen für bestimmte Größen und Stadien, die für das Grundverständnis jedoch unrelevant sind.)
Wenn der zurückbleibende schwere Rest nach einer Supernova mindestens das Zweikommaachtfache unserer Sonne wiegt (eine unter Fachleuten nicht einheitlich anerkannte Massenangabe), dann presst die Schwerkraft diese Masse zu einem Stellaren - „Schwarzen

Loch" zusammen. In diesem Fall wird von einer Hypernova gesprochen. Die Ausgangsmasse ist also entscheidend. Dabei gehen laut einigen Fachexperten alle atomaren Strukturen verloren. Die gesamte Materie wird unendlich zusammengedrückt. Sie hat danach praktisch kein Volumen mehr, aber eine unendliche Dichte. Diese Ansicht teilen wie erwähnt nicht alle Wissenschaftler und ich bin ein Laie, der ebenfalls in eine andere Richtung denkt. Dazu gleich mehr. Dieses Stellare - Schwarze Loch hat als Endresultat also genau jene Eigenschaften, die dem Urknall zugrundegelegt werden. Die gesamte Gravitation der übrigen Masse hat sich nun nach den Aussagen vieler Fachexperten auf ein Volumen mit Null Ausdehnung und unendlicher Dichte „konzentriert". Die Gesamtgravitation ist jedoch nicht größer, als jene der kollabierten schweren Restmasse. Sie ist jedoch extrem konzentriert.

Auch mathematisch betrachtet ist ein „Schwarzes Loch" exakt identisch mit jener Singularität, die als Urknall bezeichnet wird!

Galaktische – „Schwarze Löcher":

Die „Schwarzen Löcher" dieser Gruppe unterscheiden sich einzig dadurch, dass sie eine Gravitation besitzen, die Milliarden von Sonnenmassen entsprechen kann. Dabei wird davon ausgegangen, dass solche Galaktischen – Schwarzen Löcher aus Kollisionen von äußerst massereichen Sternen entstanden, oder durch die Kollision von ganzen Galaxien.

Vielleicht fragen Sie sich nun, wie schwerere Elemente als Eisen entstehen? Gut, das gehört zwar nicht direkt zum Thema, doch ich will es Ihnen gern beantworten, da es zu den wichtigen Prozessen gehört.

Die Voraussetzung für die schweren Elemente sind freie Neutronen. Diese werden über Kernreaktionen im Inneren der aufgeblähten Fixsterne und in noch größerem Ausmaß bei der Sternenexplosion freigesetzt. Die Neutronen fügen sich an die bereits vorhandenen leichteren Kerne an. Dadurch entstehen neutronenreiche radioaktive Kerne. Neutronen wandeln sich in Protonen bis hin zum nächstschwereren Element. Dieser Prozess kann bei ausreichenden Verbindungen mehrfach stattfinden, bis hin zum Uran.

Den einzelnen Umwandlungsprozessen ist gemeinsam, dass sie über den Umweg radioaktiver Kerne zu den stabilen schweren Elementen führen.

Manche Wissenschaftler gehen auch davon aus, dass zum Beispiel Gold, Platin und Uran in der bislang entdeckten hohen Menge durch den Zusammenprall von Neutronensternen und dessen Folge entstehen. Durch den Zusammenprall werden extrem viele Neutronen frei und können sich dann mit anderen Elementen in bereits beschriebener Weise weiterentwickeln.
Niedrigere Ausgangsmassen, die nicht zu einem Schwarzen Loch kollabieren, haben ein anderes Schicksal. Sie werden zum Beispiel Weiße Zwerge, Neutronensterne, Magnetare (Neutronensterne mit extrem starken Magnetfeld) und so weiter.
Als Faustregel können Sie sich merken, dass die Dichte des Endprodukts um so größer wird, je größer die Ausgangsmasse des Sterns war.

Zurück zum Kernthema:
Es ist somit heute bekannt, wie solch eine Singularität („Schwarzes Loch") entsteht, die mathematisch gesehen exakt jener Singularität des Urknalls entspricht. Dabei ist bekannt, dass es für solch eine Singularität **zirka** der zehnfachen Ausgangsmasse unserer Sonne bedarf. Ferner sind die Übergangsprozesse bekannt, welche letztendlich zu einer Singularität führen.
Nun frage ich Sie, meine sehr verehrten Damen und Herren, ist es dann überhaupt noch

in irgendeiner Weise logisch vertretbar, dass der Urknall als Entwicklung des Universums bezeichnet wird? Ist es nach dem heutigen Wissen nicht an der Zeit, dass wir sagen:

„STOP! Da stimmt etwas nicht."

Da der reale Prozess, welcher zu einer solchen Singularität führt, bekannt ist, darf nicht der Kopf einfach in den Sand gesteckt und weggesehen werden.
Es genügt nicht wenn gesagt wird: „Ach, die Formeln passen so halbwegs und wir sehen eine Rotverschiebung, wir haben eine Hintergrundstrahlung, also wird die physikalische Wirklichkeit auch so sein."
Oft trifft dies eben nicht zu und es ist dann klüger die Formeln in die Tonne treten und die Möglichkeiten bezüglich **aller Eventualitäten** genauestens überprüfen.
Ich bekam als Antwort für dieses Problem, dass „Schwarze Löcher" exakt dem Urknallkonstrukt entsprechen - einmal die Aussage von einer Astronomin. Sie sagte, dass das schon so weit korrekt wäre, doch dass „Schwarze Löcher" in dem Universum entste-

hen, welches seinerseits aus der Urknallsingularität hervorging. Doch diese Antwort ist keine Lösung für das beschriebene Problem, da die Singularität des sogenannten Urknalls dann ohne den Entwicklungsprozess einfach existent gewesen wäre. Für mich ist der Urknall nichts weiter, als ein schlecht durchdachtes Postulat für die einprogrammierte Fehlinformation, dass alles einen Anfang haben muss.

Einerseits behaupten viele Wissenschaftler, dass sie die Prozesskette, welche zu einer solchen Singularität führt, weitgehend verstanden haben und andererseits wird durch die Anerkennung des Urknalls plötzlich akzeptiert, dass eine solche Singularität auch ohne den notwendigen Entstehungsprozess akzeptabel ist, weil eine Formel auf einem Stück Papier, plus einer Hintergrundstrahlung und einer beobachteten Rotverschiebung in diese Richtung weist. Auf die Rotverschiebung und auf die Hintergrundstrahlung werde ich noch ganz speziell eingehen!

Ist diese Art und Weise der Wissenschaftsführung etwa akzeptabel, wenn das heutige Informationspotenzial betrachtet wird?

***Nein,
das ist nicht
akzeptabel!***

Wenn es diese Urknallsingularität gegeben hätte, was ich verneine, dann hätte es - **für den Weg dazu hin** - bereits die notwendigen Bedingungen für den Entwicklungsprozess geben müssen! Also muss bereits vor einer Singularität Raum, Zeit und Materie/Energie da gewesen sein. Und ich behaupte:

„Ja, so war es auch!"

Bitte lassen Sie sich das Folgende auf der Zunge zergehen. Es müsste laut Urknallthese so gewesen sein, dass die Urknallsingularität so viel Masse auf einen unendlich dichten „Punkt" ohne Volumen konzentriert hatte, wie heute im gesamten „Universum" vorhanden ist. Demnach war die Masse von unzählige Galaxien und Schwarzen Löchern zu etwas konzentriert, das mathematisch einem einzigen „Schwarzen Loch" entspricht.

Und all das kam laut Urknallthese ohne den notwendigen vorhergehenden Prozess zustande, der jedoch für die Entstehung einer „Schwarzen Loch" - Singularität als zwingend notwendig vorausgesetzt wird!

Wie ich schon erwähnte, gehen nicht alle Fachwissenschaftler davon aus, dass ein „Schwarzes Loch" auf einen winzigen Punkt konzentriert ist. Berechnungen zeigen, dass „Schwarze Löcher" bei drei Raumdimensionen und einer Zeitdimension eine gänzliche oder annähernde **Kugelgestalt** haben müssen!
Der Begriff „Loch" ist somit absolut irreführend.
Wenn diese Erkenntnis der Kugelform auf die gesamte uns bekannte Masse des „Universums" bezogen wird, die sich laut der Urknallthese aus dem Urknall entwickelt haben soll, dann wäre die sogenannte Ausgangssingularität kein unendlich kleiner Punkt gewesen, sondern eine gewaltige Kugel. Bei der Entstehung von Schwarzen Löchern ist bekannt, dass nie die gesamte Ausgangsmasse des ursprünglich kollabierenden Sterns im Zentrum verbleibt, sondern ein großer Anteil nach außen explodiert. Wenn wir nun theoretisch annehmen, dass das Schwarze Loch des Urknalls eine vergleichbare Vorgeschichte hatte – also eine Vorentwicklung - dann wäre bei dieser „**Hyper-Ultra-Meganova**" die Ausgangsmasse jene gewesen, welche nach der Urknallthese heute vorfindbar ist. Bei der Implosion und Explosion wäre dann enorm viel Restmasse nach außen weggeschleudert worden. In diesem Falle gäbe es jedoch ein Zentrum mit einem gigantischen „Schwarzen Loch" und es

hätte nach diesem Vorgang bereits alle möglichen Elemente geben müssen.

Dies kann alles kann ebenfalls nicht beobachtet werden und alle bereits beschriebenen Probleme würden auch in diesem Falle gelten.

Die logische Schlussfolgerung in Anbetracht dessen, dass für eine Singularität bereits zuvor ALLES vorhanden sein muss, damit es zu einer Singularität kommen konnte, bedeutet für mich einen entgültigen Abschied.

Betrachten wir auch die Rotverschiebung genauer!

Einer der Hauptauslöser für die Urknallthese war die beobachtete Rotverschiebung der meisten weit entfernten Galaxien. Je weiter entfernt die beobachteten Galaxien sind, desto größer ist weit überwiegend die beobachtete Rotverschiebung.

Diese Beobachtung wird nach dem Dopplereffekt als - an Geschwindigkeit zunehmende Raumexpansion - interpretiert.
Daran gibt es von meiner Seite aus nur eine Kritik.

Es wurde nicht bekannt gegeben, dass es für diese zunehmende Rotverschiebung auch andere physikalische Gründe geben kann. Und eben genau dies lässt andere Gedankenmodelle zu.

Die zunehmende Rotverschiebung bei immer weiter entfernten Galaxien kann auch ganz anders hergeleitet werden und das in physikalisch einwandfreier Weise. Besser gesagt, es gibt andere physikalische Fakten dafür, dass das gesehen wird, was gesehen wird.

Die verschiedenen Gründe für die Rotverschiebung:
Der bekannteste Grund ist der sogenannte Dopplereffekt, den ich bereits beschrieb.
Weiterhin gibt es den angenommenen kosmischen Dopplereffekt. Man geht dabei davon aus, dass eine Wellendehnung der elektro-

magnetischen Wellen durch die Raumexpansion stattfindet. Meine Ansicht dazu kennen Sie ja bereits. Es gibt keine Raumexpansion.

Relativ unbekannt ist hingegen, dass der Grad der Rotverschiebung auch sehr abhängig von der <u>**Temperatur**</u> ***der Lichtquelle ist.***

Doch dieser Effekt ist <u>**unbedingt**</u> zu berücksichtigen!

Es geht hierbei um einige der brillanten Erkenntnisse vom Prof. Paul Marmet zu diesem Thema. Ich kann Ihnen nur ans Herz legen, alles von ihm zu lesen, das Sie bekommen können. Er schreibt klar, durchdacht und vor allen auf Logik beruhend, was ich natürlich liebe! Er hat jedoch auch viele Kritiker. Der Grund dafür ist aus meiner Sicht, dass er richtig liegt und das schmeckt wohl einigen anderen nicht.

In einem Artikel von Prof. Marmet (1932 – 2005, vom Herzberg Institute of Astrophysics in Canada) **las ich, dass er das Folgende physikalisch nachwies:**

Die Rotverschiebung des Lichts ist ebenfalls abhängig von der Temperatur der Lichtquelle. Es kann nachgewiesen werden, dass die Kohärenzlänge des Lichtes um so kürzer ist, **je heißer die Temperatur** des strahlenden Körpers ist (Schwarzkörperstrahlung). Eine kürzere Kohärenzlänge bedeutet, dass es weniger Zeit für die Übertragung des Impulses zur Verfügung steht. Aus diesem Grund wird das Elektron stärker beschleunigt. Das wiederum bedeutet, dass es mehr Energie abstrahlt als Licht mit großer Kohärenzlänge. Dadurch wird das Licht um so stärker rotverschoben, je heißer die Quelle ist.
Gemeint ist somit nicht, dass die heiße Lichtquelle selbst ins Rote verschoben ist. Die Aussage ist, dass dieser Effekt eintritt, nachdem sich die elektromagnetischen Welle von der heißen Lichtquelle entfernte und der Prozess dann stattfand. Die heiße Quelle kann somit selbst ins Blaue verschoben sein, doch das abgestrahlte Licht verschiebt sich danach in den roten Bereich.

Fazit:
Je heißer die Quelle, desto größer die Rotverschiebung!

Damit kann beispielsweise die paradox erscheinende Rotverschiebung bei Doppelsternen erklärt werden.
Es sind eine Reihe von Sternpaaren bekannt, bei denen die beiden Partner eine deutlich verschiedene Rotverschiebung aufweisen. Seltsame daran ist, dass trotz der Umkreisung der beiden Sterne um einen gemeinsamen Schwerpunkt immer der selbe Stern die höhere Rotverschiebung aufweist.
Und dies, obwohl einmal der eine und einmal der andere Stern auf uns zukommt und sich dann wieder entfernt. Somit müsste es eine Farbspektrenveränderung von Stern zu Stern je nach dem geben, ob die Bewegung auf uns zu oder von uns weg stattfindet. Das ist jedoch nicht der Fall! In vielen Fällen behält immer der selbe der beiden Sterne die weitaus stärkere Rotverschiebung.
Damit meine ich kein Doppelsternsystem, das einen extremen Roten Riesen mit sich führt!
Würde diese Rotverschiebung mit dem Dopplereffekt erklärt werden, dann könnten sich die beiden Sterne nicht umeinander kreisen, was sie jedoch tun. Es müsste dann für uns als Beobachter jeweils der Stern mehr ins

Blaue verschoben sein, der sich gerade auf uns zu bewegt und der sich entfernende Stern ins Rote. Bitte sehen Sie sich das folgende Beispiel ganz genau an, denn dieses Phänomen ist nachgewiesen. Es ist fortfolgend einer der Beweise dafür, dass die Beobachtung der zunehmenden Rotverschiebung bei jeweils weiter entfernten Galaxien keinen Grund für eine Raumexpansion darstellt. Bitte nehmen Sie sich Zeit, um diese Informationen zu erfassen.

Der sehr heiße Stern links kommt auf uns. Deshalb sollte sein Licht laut Dopplereffekt ins blaue Spektrum verschoben sein.

Das wird so aber nicht immer beobachtet!

Dieses Problem kann mit der Temperaturabhängigkeit von der Lichtquelle bezüglich der Rotverschiebung sehr gut erklärt werden. Das Licht des heißeren Sterns wird stärker rotverschoben und der Dopplereffekt ist nicht mehr zu erkennen. Bei sehr heißen Sterne werden also elektromagnetische Wellen nach dem beschrieben Prozess im roten Spektrum abgegeben. Je heißer die Quellen sind, desto mehr ist der Messwert in das rote Spektrum verschoben.

Das ist wichtig!

Auf den ersten Blick haben diese Fakten nichts mit den weit entfernten Galaxien zu tun. Doch erste Blick trügt hier **gewaltig. Ich habe jedoch selbst noch so viel weiter gedacht, dass es so manchen Urknallliebhabern vielleicht nicht recht sein wird!?**

Zu bedenken ist dabei das Folgende:

Wenn wir Galaxien betrachten, die Milliarden von Lichtjahren von uns entfernt sind, dann empfangen wir heute das Licht, das sie vor Milliarden von Jahren ausgestrahlt haben. Das Galaxienlicht aus dieser Zeit zeigt uns also das Bild der Galaxien in dem Stadium ihrer Entwicklung vor der Anzahl von Jahren, wo sie das Licht absandten. Würde jemand von solch einer weit entfernten Galaxie zu unserer Milchstraße blicken, dann würde der Beobachter aus dieser fernen Galaxie unsere Milchstraße ebenfalls in einem entsprechend früheren Entwicklungszustand sehen, da dieser Beobachter auch das Licht sehen würde, das von hier vor Milliarden von Jahren abgesandt wurde. Dieses Prinzip gilt in jede Blickrichtung in der ewigen Unendlichkeit.

Beispiel:
Wenn wir das Licht von einer Galaxie empfangen, das vor zehn Milliarden Jahren abgesandt wurde, dann sehen wir das Abbild dieser Galaxie so, wie sie vor dieser Zeit aussah. Je weiter eine Galaxie also entfernt ist, desto weiter sehen wir in die Vergangenheit.
Wenn wir weit in die Vergangenheit sehen, dann sehen wir prozentual sehr überwiegend Bilder von Galaxien, die in einem sehr jungen

Entwicklungsstadium sind. Also in einem Entwicklungsstadium vor so vielen Jahren, wie das Licht zu uns benötigte.

Nun sind sich die Astronomen fast alle einig, dass junge Galaxien <u>viel heißer</u> als die älteren sind!
Was ergibt sich daraus nun bezüglich
der Rotverschiebung?
Ganz einfach, meine sehr verehrten Damen und Herren, durch die extrem heißen Lichtquellen der Vergangenheit kann logischerweise das bei uns empfangene Licht der weit entfernten
und somit heißeren Galaxien <u>viel stärker rotverschoben</u> gesehen werden.

Je weiter entfernt, desto stärker rotverschoben, da um so heißer, je jünger das Entwicklungsstadium der jeweiligen Galaxie!
Genau das sehen wir!

<u>Das ganz Entscheidende ist dabei,</u>
dass es für diese Beobachtung der Rotverschiebung keiner Raumexpansion bedarf!

Selbst eine eigene Fliehgeschwindigkeit der Galaxien wäre nicht zwingend notwendig. Dass dabei auf der großen kosmischen Entfernungsskala der Eindruck entsteht, als ob alles voneinander fliehen würde, ist somit eine Fehlinterpretation **der Rotverschiebung**! Die höheren Temperaturen bei der Beobachtung von ferneren Objekten in einem

früheren Entwicklungsstadium sind nicht ausreichend berücksichtigt worden!
Allein dieser Fakt veranlasste mich dazu, die Urknallthese in die Tonne zu treten. Doch ich wollte Ihnen weit mehr Argumente bringen und werde noch weitere aufführen, falls noch Tee in der Tasse ist.

Neben der zuvor beschriebenen Rotverschiebung durch sehr heiße Lichtquellen gibt es noch eine weitere, sehr logisch untermauerte und physikalisch nachvollziehbare, Darlegung von dem Schweizer Physiker und Astronom Fritz Zwicky. Auf ihn ist eine sehr große Anzahl von wichtigen Entdeckungen zurückzuführen. Selbst ein Asteroid und ein Mondkrater wurde nach ihm benannt, doch dies sei nur am Rande erwähnt.
Nun kommt das müde Licht, das ich bereits erwähnte. Im Gegensatz zu manch anderen Wissenschaftlern nehme ich als Laie diese Erkenntnis sehr ernst.
Fritz Zwicky vertrat bereits im Jahre 1929 die physikalisch untermauerte Meinung, dass Licht quasi ermüdet. Diese Ermüdung - durch Streuung des Lichts an interstellaren und intergalaktischen Gasresten und Staubpartikeln - wurde zuerst von vielen anerkannten und hochgradigen Physikern und Astronomen angenommen, da sie auf einem soliden, argumentativen physikalischen Fundament

basiert. Selbst Edwin Hubble schien diese Idee zu überzeugen.

Hubble schrieb in einem Brief an den Physiker R. A. Milikan vom 15. Mai 1953:

"Ich stimme mit Ihnen überein, dass die Hypothese der Lichtermüdung einfacher und weniger irrational ist."

Die bestechende und untermauerte Idee der Lichtermüdung wurde dann im Laufe der Zeit jedoch zugunsten der Raumexpansion verworfen.

Einer der Gründe war wohl die fundamentlose Behauptung, dass Licht weit entfernte Galaxien verschwommen erscheinen lassen müsste, wenn es seine Energie durch die Streuung verringert. Fakt ist jedoch, dass die Galaxien klar und deutlich zu sehen sind.

Wieder einmal war es Prof. Paul Marmet der darauf hinwies, dass Objekte in klarer Luft klar bleiben. Dies trotz der Tatsache, dass es dabei zu unzähligen Zusammenstößen von den Photonen (Lichtteilchen) und den Luftmolekülen kommt. Es hat somit eindeutig den Anschein, dass die Streuung des Lichts keine Ablenkung sondern lediglich zu einer Verzögerung durch Absorption und Re-Emission von Licht an Luftmolekülen führt. Licht wird von den Luftmolekülen quasi aufgenommen und genau in seine ursprüngliche Bewegungsrichtung wieder freigegeben. Wäre dies nicht so, dann würden wir alles verschwommen sehen. Bei diesem Prozess gibt das Licht jedoch einen Teil seiner Energie an das Luftmolekül ab. Diese geraubte Energie soll laut Prof. Marmet dann in Form von sehr langen Radiowellen wieder abgegeben werden. Bislang konnten solche Radiowellen mit der vorhergesagten Länge von 1.000 Kilometern jedoch nicht nachgewiesen werden. Somit bleibt diese Behauptung vorerst eine Behauptung und nicht mehr.

Prof. Marmet griff jedoch auch die Idee von Fritz Zwicky auf und formulierte sie etwa so, wie ich es folgend in meinen einen Worten übersetze:
Licht muss als Energieform mit anderen Energieformen eine Wechselwirkung eingehen. Es muss also ein Energieaustausch zwischen Licht und jeder anderen Energieform stattfinden. Beim Licht findet dabei eine Frequenzänderung statt. Die Wellenlänge verändert sich dabei so, dass sich das Spektrum ins Rote verschiebt.

Der Rotverschiebungsmechanismus lässt sich so erklären:
Licht hat einen Impuls. Wenn ein Photon (Lichtteilchen) und ein Elektron des interstellaren Wasserstoffs (H_2) kollidieren, wird dieser Impuls des Photons an das Elektron des Wasserstoffs übertragen und führt zu einer Beschleunigung des Elektrons. Diese

abgegebene Energie wird dem Licht entzogen, was die Frequenz verringert. Eine niedrigere Frequenz bedeutet eine Rotverschiebung.

Je länger der zurückgelegte Weg des Lichtes dabei ist, desto mehr Wechselwirkungen sollten laut der Wahrscheinlichkeitsrechnung stattfinden. Dies bedeutet ebenfalls eine zunehmende Rotverschiebung, je länger die zurückgelegte Strecke des Lichts ist, wenn die Möglichkeiten für eine Wechselwirkung im Durchschnitt gleich sind. Entscheidend dafür ist jedoch de facto die tatsächliche Häufigkeit der Wechselwirkungen.
Prof. Marmet rechnete vor, dass diese Rotverschiebung das gleiche Verhalten zeigt, wie die Dopplerrotverschiebung.

Von der Formel her ist sie - mit der Doppler Rotverschiebung- identisch!

Mit dieser physikalisch einwandfreien Erklärung lässt sich ein weiterer Pfeiler für die Beweisführung der Urknallliebhaber kippen.

Es gäbe zudem noch den Effekt der Rotverschiebung durch Gravitation, welcher zudem exakt zu berücksichtigen wäre, doch dies erspare ich Ihnen und auch mir, da die bisherigen Ausführungen diesbezüglich mehr als ausreichend sind.

Für die letzten Zweifler und Urknallliebhaber gebe ich mir in anderem Zusammenhang trotz all dem noch etwas Mühe.

Die 1a Supernovae oder auch Standartkerzen genannt, werden als der Heilige Gral für die Beweisführung der sogenannte Raumexpansion betitelt.

Die 1a Supernovae explodieren nach einem beinahe exakt bekannten Schema.

Der Explosionsablauf:
Nach der Explosion steigt die Helligkeit in einem bekannten Ausmaß an. Innerhalb von 14 Tagen fällt sie dann wieder ab.
Es wurden Supernovae mit starker Rotverschiebung beobachtet, bei denen die Lichtfrequenz um zwei Drittel gedehnt war. Bei diesen Beobachtungen dauerte der Helligkeitsabfall 21 statt 14 Tage. Einige Wissenschaftler sind nun der Meinung, dass diese Beobachtung eindeutig und unwiderlegbar auf eine Raumdehnung hindeutet. Verzeihen Sie mir bitte, dass ich darüber nur

lachen kann. Ich will dieses Lachen jedoch begründen. Die sehr gut verständlichen Ausführungen von Fritz Zwicky und Paul Marmet sollten jedem studierten Astronom, Astrophysiker, Kosmologen und so weiter bekannt und nachvollziehbar sein.

Diese Ausführungen legen genau und sehr exakt dar, dass es genau so sein muss, dass das Licht einer weiter entfernten Explosion von einer 1a Supernova länger zu uns benötigt und dass es weiter in das rote Spektrum verschoben sein muss! Es bedarf somit keiner Raumexpansion.

Wenn diese Erkenntnis der 1a Supernovae als Heiliger Gral für die sogenannte Raumexpansion hergenommen wird, dann sollte dies mein Lachen von selbst erklären.

Und weiter geht's: Das Galaxienproblem
Nach der Urknallthese dürfte sich im großen Galaktischen - Maßstab **nicht eine einzige Galaxie gegen der Richtung** – der nun als **FALSCH** entpuppten Expansion - bewegen.

Der große Galaktische – Maßstab, der sich schon mal gern und mit Freude auf Millionen und Milliarden von Lichtjahren bezieht, ist für mich bereits ein Akt der Verzweiflung als angesetzter Maßstab, da im kleineren Maßstab Galaxien deutlich sichtbar und messbar der Schwerkraft unterliegen und sich zu jeweils größeren Masseansammlungen hinbewegen.

Doch wie sieht es da nun im großen galaktischen Maßstab aus? Gibt es da etwa tatsächlich eine Galaxie, die in eine Richtung fliegt, die der Urknallthese und der Expansionsidee widerspräche?

Eine Galaxie, die auf unverschämte und gar freche Weise den Formelsammlungen trotzt und ihre ganz eigene Richtung einschlägt, **obwohl sie das ja gar nicht darf, damit die so liebgewonnene Urknallthese beibehalten werde kann ...?**

Nein, es ist nicht eine einzige Galaxie, sondern ...

Eine Internetinformation der Seite:
http://www.dradio.de/dlf/sendungen/forschak/1118326/
Ein Bericht von Guido Meyer, den ich folgend auszugsweise zitiere:

Galaktische Geisterfahrer:
Kosmische Objekte bewegen sich entgegen der Expansionsrichtung des Alls
Von Guido Meyer

Astronomie:
Weil sich das Weltall in alle Richtungen ausdehnt, entfernen sich Galaxienhaufen wie Rosinen in einem aufgehenden Kuchen immer weiter voneinander.
Doch nun haben Wissenschaftler eine Ansammlung von Galaxienhaufen entdeckt, die der Expansion des Kosmos trotzen und sich eigensinnig in eine andere Richtung bewegen.

Wissenschaftler: "Es gibt eigentlich keinen physikalischen Effekt, der das erklären könnte."

Guido Meyer: „Wenn Wissenschaftler sich so äußern, dann stehen sie meist vor einem großen Rätsel."

Wissenschaftler: „Was zieht denn enorme Galaxienhaufen, welche die größten Massekonzentrationen im Universum sind, alle in die gleiche Richtung, über solche enormen Entfernungen hin?"

Guido Meyer: „Harald Ebeling guckt am Institut für Astronomie der Universität von Hawaii von Honolulu aus hinaus ins All - und entdeckt dort Merkwürdiges."

Wissenschaftler: "Was also kann so eine Strömungsbewegung hervorrufen, über solche enormen Entfernungen?"

Guido Meyer: „Fragen über Fragen, aufgeworfen von **1.400 Galaxienhaufen**, die sich in einer Entfernung von rund drei Milliarden Lichtjahren von der Erde eine Sonderrolle im All herausnehmen. Sie rasen zwischen den Sternbildern Zentaur und Vela mit etwa drei Millionen Stundenkilometern in die falsche Richtung - in eine Gegend nämlich, aus der sie eigentlich fliehen sollten, da die Expansion des Weltraums diesen immer weiter auseinander treibt."

Wissenschaftler: "So ein Galaxienhaufen, der hat eine Masse von zehn hoch fünfzehn Sonnenmassen. Das ist eine Eins mit 15 Nullen hintendran. Das ist ein ziemlicher Haufen Masse. Um so etwas über große Entfernungen zu beschleunigen, braucht man ungeheure Massekonzentrationen. Das widerspricht dem kosmologischen Prinzip, dass Masse auf großen Skalen ungefähr gleichmäßig verteilt ist. So eine enorme Konzentration kann man theoretisch nicht erklären."

Guido Meyer: „Und da alles, was für Astronomen im Dunklen liegt, auch so heißt - so wie Dunkle Energie und Dunkle Materie -, hat diese Bewegung einen entsprechenden Namen bekommen: „Dunkle Strömung", wie Alexander Kashlinsky vom Goddard Space Flight Center der amerikanischen Raumfahrtbehörde NASA im US-Bundesstaat Maryland erläutert."

Wissenschaftler: "Wir haben dieses Phänomen „Dunkle Strömung" genannt, weil die vorhandene, von uns beobachtete Massenverteilung im All diese Bewegung nicht erklären kann. Sie vollzieht sich entgegen der Ausdehnungsrichtung des Weltraums."

Guido Meyer: „Also müsse die Ursache für die treibende Kraft der galaktischen Geisterfahrer außerhalb des von uns beobachtbaren Weltraums liegen, folgern die Wissenschaftler. Und das heißt: mindestens 45 Milliarden Lichtjahre von uns entfernt, jenseits des Ereignishorizonts, den wir von der Erde aus einsehen können, jenseits einer Entfernung also, aus der das Licht seit dem Urknall Zeit hatte, uns zu erreichen."

Wissenschaftler: "Das Ganze muss also so weit weg sein, dass wir es nicht mehr sehen könnten. Und das katapultiert das Ganze aber in einen Bereich im frühen Universum, der uns also überhaupt nicht zugänglich ist. Und da würden wir also tatsächlich solche Ungleichheiten finden, die diese Strömungsbewegung hervorrufen."

Guido Meyer: „Wenn es keine Ansammlung von Masse ist, da diese nach allen bisherigen Annahmen auf der kosmologischen Skala gleichmäßig verteilt ist, dann müssten es eben "Ungleichheiten" im Raum selbst sein, die diese mehr als tausend Galaxienhaufen auf ihre eigensinnige Bahn zwingen, so das Astronomenteam. ..."
Endes des zitierten Kapitelteils.

Weitere Artikel, mit der exakt selben Kernaussage, waren auch auf einigen anderen Internetseiten zu finden.
Die Konsequenzen dieser Beobachtung stützen einen großen Teil meiner These nicht nur, sie sind als direkt beobachtbarer Beweis zu verstehen, wie sich noch zeigen wird. Zu betonen ist, dass sich diese Galaxienhaufen weit überwiegend in das blaue Lichtspektrum verschieben!
Als ich meine These so durchdachte kam ich zu dem Schluss, dass es genau solche Beobachtungen geben müsste.
Ich begann also zu recherchieren und wurde tatsächlich fündig. Ich gebe zu, dass ich an dem Tag eine Flasche guten Wein geöffnet und genossen habe. Eine bessere Beweisführung als direkt in der ewigen Unendlichkeit gibt es nicht. Dagegen ist jedes Laborexperiment und jede auf Papier gekritzelte Formel nur ein Witz. Das, was uns die ewige Unendlichkeit direkt vermittelt, ist einfach Fakt.

Daran ändert eine schnell herbeigezauberte „Dunkle Strömung" auch nichts mehr. Ich finde es sehr lustig, dass immer alles dunkel ist, was bestimmte Astronomen, Astrophysiker oder Kosmologen nicht erklären können.
So nach dem Motto: Wir können das nicht erklären, also muss da etwas sein das nicht zu sehen ist. **Nein, muss es nicht!**

Meine sehr verehrten Damen und Herren, ich muss es einfach betonen!
Es handelt sich bei dieser Beobachtung nicht um eine, nicht um 10, nicht um 100 und nicht um 1.000 einzelne Galaxien, welche sich <u>gegen</u> die „Expansionsrichtung" bewegen, sondern um

...

1.400! Galaxien-HAUFEN!

Wer jetzt immer noch an die Urknallthese glaubt, sollte am besten nochmals von vorn zu lesen beginnen. Das ist nicht bös gemeint. Es geht dabei nur um die Teetasse des ZEN – Meisters, die es zu leeren gilt. Wie ich bereits zugab, brauchte auch ich mehrere Anläufe, um meine eigenen Ideen völlig zu akzeptieren, da sich meine Tasse auch nur in mehreren Phasen leerte. Ja, lachen Sie ruhig, ich muss es ja auch. Ich würde es sogar empfehlen, einige Passagen mit wichtigen und schwierigen Stellen mehrmals zu lesen.

Kapitel 10:

Eine Reise in die Vergangenheit:

Es gab schon immer Denker und Querdenker, so wie ich mich selbst auch betitle, die nach anderen Lösungen suchten, wenn sie mit den bisherigen unzufrieden waren.

Gewiss muss dabei gedanklich ein wenig herumgesponnen werden. Das bislang Ungedachte gedacht muss gedacht werden. Letztendlich ist es dann das Ziel, das Resultat mit vernünftigen Regeln und Gesetzen logisch zu untermauern. Dies so lange, bis eine absolut stimmige Struktur entsteht. Doch wenn bemerkt wird, dass keine stimmige Struktur entsteht und alles im Bereich der Vorstellung oder nur durch Postulate aufrechterhalten bleibt, sollte davon abgelassen werden.

Eine geringe Anzahl von Postulaten ist gewiss unabdingbar, doch wenn sich beinahe alles nur noch darauf stützt, dann sollte sich niemand wundern, wenn das Gerüst irgendwann zu wanken und zu stürzen beginnt.

Ich liebe die großen antiken Philosophen, welche nach meiner Ansicht sehr beeindruckend waren und ihr geistiges Erbe ist es noch heute.

Einige dieser Herren will ich Ihnen hier vorstellen.

Der vermutlich erste frühe Philosoph der Antike war Thales aus der Stadt Milet, an der ionischen Küste Kleinasiens, der um 580 v. Chr. wirkte. Er begründete die Schule der ionischen Naturphilosophie. Thales nahm an, dass alle natürlichen Phänomene unterschiedliche Formen einer einzigen Grundsubstanz seien.

Bravo, bravo und nochmals
BRAVO!

Er kam zu dem Schluss, dass diese Grundsubstanz Wasser sei, da er Verdampfung und Kondensation als universale Vorgänge ansah. Für seine damaligen Beobachtungs- und Analysemöglichkeiten betitle ich mit strahlenden Augen diese Schlussfolgerung als eine hochgradig geniale Denkleistung! Ganz ehrlich, mit Thales hätte ich mich sehr, sehr gern unterhalten!
Sein Schüler Anaximander behauptete, dass der Ursprung allen Seins das Unbegrenzte sei.

Auch dieser Mann dachte genau in meine Richtung!

Der dritte große ionische Philosoph war Anaximenes. Er kehrte zu Thales Behauptung zurück, dass der Urstoff etwas Bekanntes und Materielles sein müsse. Nach seiner Meinung war es die Luft. Er war davon überzeugt, dass sich die Veränderungen, denen die Dinge unterliegen, aufgrund von Verdünnung und Verdichtung der Luft erklären ließen. Das ist auch ein spannender Ansatz, auch dann, wenn er „nur" eine minimale Veränderung von Thales Erkenntnis darstellt.

Heraklit von Ephesus setzte die Suche der Ionier nach dem Urstoff fort und kam zu dem Schluss, dass dieser Urstoff Feuer sein müsse. Heraklit hatte zudem die Überzeugung, dass sich alle Dinge in einem fortwährenden Fluss befänden und dass Beständigkeit eine Täuschung sei.

Einfach KLASSE!

Für meine weiteren Ausführungen genügen diese Informationen. Ganz ehrlich, wenn ich über diese alten Philosophen berichte, komme ich ins Schwärmen und ich würde am liebsten alle hier auflisten, die ich „kenne". Doch das wäre unnötig und verwirrend in Anbetracht der verschiedenen Denkrichtungen. Es ist einfach faszinierend, welch großartige Geschöpfe bereits auf der Erde wandelten!

Kapitel 11:

Die **ens** *– These:*

ens aus dem Lateinischen übersetzt:
- Das Sein
- Das Seiende
- Das Ding

Dieser Name wurde für meine These gewählt, da ich von allem Seienden die Unendlichkeit und Ewigkeit logisch herleiten kann, so wie ich es in diesem Buch bereits ausführlich tat.

Um die Grundgedanken meiner These kurz zu formulieren, will ich vorwegnehmen, dass ich davon ausgehe, dass durch spontane Fluktuationen von Quantenfeldern im Vakuum sogenannte virtuelle Teilchen entstehen, die durch Energiezufuhr über einen Schwellwert verstärkt werden, was bewirkt, dass aus den virtuelle Teilchen physische Teilchen werden. Diese physischen Teilchen aus der Vakuumenergie bewirken den Beginn der Entwicklung jedweder Materie und den daraus resultierenden Kreislaufprozessen. Es entstehen nach meiner These somit die notwendigen Teilchen aus dem Vakuum selbst, um einen endlosen Kreislauf aufrecht zu erhalten. Das, was wir als Vakuum betiteln, ist für mich nichts Anderes, als die ewige und unendliche Ursache und Wirkung eines Kreislaufs. Alle Erscheinungsformen sind nichts Anderes, als verschiedene „Aggregatzustände" von Energie, die selbst einem ständigen Fluss der Wandlung unterliegen und diese Wandlung wird durch die Gesetzmäßigkeiten hervorgerufen, welche die grundlegende Natur dieses seienden Energiekreislaufes sind.

Um darzulegen, wie es zu dem kam, was wir heute sehen, was zuvor war und wie es sich weiter entwickeln wird und wie es wieder zu einem bestimmten Stadium zurücktransformiert, muss ich leider etwas ausholen. Ohne Mathematik wird das schwer. Doch ich will für alle Leserinnen und Leser diesem weitgehend formellosen Stil treu bleiben.
Ich gebe zu, dass ich häufig sehr schreibfaul bin, doch es lässt sich fortfolgend nicht vermeiden sehr viel zu schreiben, um alle wesentlichen Faktoren aussagekräftig darzulegen. Meine folgende Aufgabe ist es nun, eine Beweisführung zu erbringen, die den heutigen Zustand des für uns überblickbaren Teils der ewigen Unendlichkeit plausibel darlegt, wenn von ewiger Unendlichkeit ohne Urknall ausgegangen wird. Ich muss in noch weiterem Umfang darlegen, dass sich meine These besser mit all den Beobachtungen und Erkenntnissen deckt, als es die Urknallthese kann.

Am Anfang dieses Buches ging ich auf die Wahrnehmung des Menschen, seine Fähigkeit Täuschungen zu erliegen und auf seine tief eingeprägten Denkmuster ein.
Folgend bewies ich durch Logik, dass ein Anfang und ein Ende von **ALLEM** logisch **nicht vertretbar** ist.
Da ich von ewiger Unendlichkeit bei meiner These ausgehe, muss ich zuerst erklären, wie nach der Urknallthese alle Materie u. s. w. entstand, damit wir dann gemeinsam eine Gegenüberstellung der Urknallthese zu meiner These vornehmen können, um die jeweiligen Vor- u. Nachteile der jeweiligen These exakt zu ermitteln.
Das Ergebnis wird zeigen, welche These der sichtbaren Struktur der ewigen Unendlichkeit am ehesten entspricht. Also, gehen wir gemeinsam auf Spurensuche.

Los geht's!

So entstand die Materie, wenn von einem Urknall ausgegangen wird:
Nach der Meinung jener Wissenschaftler, die von einem Urknall ausgehen, begann die Entwicklung des Universums 10^{-43} Sekunden nach dem absoluten „Nullpunkt" der Zeit. Was zwischen diesem absoluten „Nullpunkt" und den 10^{-43} Sekunden geschah, beruht auf absoluten Vermutungen. Es wird behauptet,

dass die Temperatur und Dichte zum Zeitpunkt von 10^{-43} Sekunden unvorstellbar groß waren und das Universum unvorstellbar klein war. Die Temperatur soll 10^{32} Kelvin, die Dichte soll 10^{92} g/cm³ und die Ausdehnung soll 10^{-33} cm betragen haben.

Soll, soll, soll...

Nichts von diesen Angaben ist auch nur vom Ansatz her unangreifbar zu beweisen. Das, was als „Beweise" gerne verbalisiert wird, würde ein guter Kriminalkommissar nicht mal als Indiz bezeichnen. Er würde diese Aussagen nur als eine von vielen Möglichkeiten ohne faktischen Wert betrachten.

Etwas Beobachtetes oder Gemessenes kann viele Ursachen haben, das darf nie vergessen werden, wenn eine Behauptung aufstellt wird und diese dann als „Beweis" gelten soll. Die oftmals sogenannte kosmische Ursuppe oder auch gern Urbrei genannt, soll in diesem Zeitfenster mit vielen Elementarteilchen gefüllt gewesen sein. Das ist nicht belegt, nicht einmal vom Ansatz her! Es muss aber für die Vertreter des Urknalls so gewesen sein, damit der unbewiesene Rest halbwegs ein zusammengeschustertes wackeliges Fundament ergibt.

Bis zu diesem Zeitpunkt soll es nur eine sogenannte Urkraft und eine Sorte von Teilchen

gegeben haben. Das ist ebenfalls nicht belegt!
Nun halten Sie sich bitte fest.
Einige Wissenschaftlern gehen davon aus, dass diese ersten Teilchen sogenannte MINNI SCHWARZE LÖCHER waren! Nun gut, ich will jetzt nicht weiter in kritischer Form darauf eingehen ...
Diese Teilchen sollen Feldquanten und Teilchen gleichzeitig gewesen sein und auf sie soll die bereits erwähnte undefinierte mysteriöse Urkraft eingewirkt haben. Auch davon ist nichts belegt.
Es gibt Anhänger der Meinung, dass zuerst Felder da waren, andere tendieren dazu, dass zuerst Teilchen da waren. Letztendlich ist das Ergebnis ein Kompromiss von zwei unbewiesenen Annahmen.
Manchmal wundere ich mich sehr, warum Astrophysiker über Esoteriker spotten und dumme Witze über sie reißen! Für mich ist diese Darlegung der zig Vermutungen und den ganzen „SOLL SO GEWESEN SEIN" aus dem Grunde nicht tragbar, da zu viele Leute aus den entsprechenden Fachkreisen oft so daherreden, als ob sie von bewiesenen Fakten sprechen. Sie reden jedoch nicht über Fakten und das muss betont werden, damit kein falscher Eindruck entsteht.
Doch nun zum Thema zurück.
Einige Fachleute gehen davon aus, dass zwischen dem absoluten Nullpunkt und den 10^-

^{43} Sekunden absolute Symmetrie herrschte. Allein diese weitere Annahme ist nach meiner Meinung nur Schön- und Wunschdenkerei. Das ist betont nur eine Annahme, so wie viele weitere Annahmen auch. Ganz plötzlich soll diese Symmetrie durch einen unbekannten Störfaktor gebrochen worden sein.

Oha! Nanu? Wie kommt's?

Na ja, mal wieder keine Antwort. Wieder eine Annahme ohne faktische Begründung, damit man fleißig weiterschustern kann.
Weiterhin wird behauptet, dass sich zum Zeitpunkt von 10^{-43} Sekunden die mysteriöse Urkraft in die Gravitationskraft, die elektroschwache Kraft und die starke Wechselwirkung teilte.

Warum? Weil es für die Entwicklung, bezogen auf die Urknallthese, so sein muss, nur darum.

Die starke Wechselwirkung bewirkt, dass Quarks in Protonen und Neutronen gehalten werden und diese sich ihrerseits in den Atomkernen halten können. Erinnern Sie sich noch an die postulierten Gluonen? Ja, ich

meine den Klebstoff, ganz genau. Den braucht man, damit sich die gleichgeladenen Teilchen nicht abstoßen.
Nach 10^{-12} Sekunden spaltete sich dann laut Annahmen die elektroschwache Kraft in die elektromagnetische Kraft und die schwache Wechselwirkung nach diesem Zusammengeschustere auf.

Was sich da nicht so alles ganz plötzlich spaltet ... Tz, tz, tz ...

Zwischen cirka 10^{-35} und 10^{-32} Sekunden nach dem Urknall soll sich das Universum plötzlich mit enormer Geschwindigkeit ausgedehnt haben.

Brüll!!!! Man, Leute, bleibt einfach mal auf dem Teppich! <u>NICHTS</u> davon ist belegt.

Dieser Zeitraum und der darin stattgefundene Ausdehnungsprozess wird auch als Inflation bezeichnet. Das hört sich wichtig an, oder? Danach soll das Volumen des Universums 10^{90} MAL GRÖSSER, als vor diesem Prozess, gewesen sein. Cirka eine tausendstel Sekunde nach dem Urknall soll dann die gesamte Materie plötzlich verschwunden sein, die bis dahin existierte.

Schwups, weg war sie.

Die in der kosmischen Ursuppe befindlichen Quarks und Antiquarks zerstrahlten sich gegenseitig in Strahlungsenergie. Bei dieser gegenseitigen Zerstrahlung soll nun ein Quark von cirka einer Milliarde Quarks aus völlig unerklärlichen Gründen kein Antiquark zum Zerstrahlen gefunden haben.

Nanu? Warum denn nicht? Das ist doch Quark!

Aus den noch übrigen Quarks sollen Verbindungen entstanden sein, die Protonen (positive Ladung) und Neutronen (neutral) im Verhältnis von 4 : 1 entstehen ließen. Nun haben wir Protonen und Neutronen. Doch wo bleiben die Elektronen? Kurze Zeit nach der Entstehung der Protonen und Neutronen sollen Elektronen und Anti-Elektronen den selben Prozess wie die Quarks und Antiquars durchgemacht haben. Ich könnte brüllen, ehrlich!
Während dieser Zerstrahlungsprozesse durch Kollision sollen auch die Gammaquanten entstanden sein. Gammaquanten sind

Energiepakete der Gammastrahlung. Sie haben so viel Energie, wie die zerstrahlten Teilchen als Ruhemasse hätten, plus der Bewegungsenergie in dem Moment des Zusammenstoßes.
Protonen und Elektronen gab es nun im Verhältnis 1:1. Ach, wie schön doch immer alles zusammenpasst, wenn es passen muss! Doch wenn es nicht passen darf, wie bei den Quarks und Antiquarks, dann passt es eben nicht, damit der Rest wieder passt.
Mal ehrlich, wenn ich ein intelligenter Außerirdischer wäre und von diesem Bockmist Wind bekäme, dann würde ich sofort machen, dass ich weiter komme und mir denken, dass diese Wesen wohl noch eine Weile brauchen, bis sie die Kurve bekommen und mitreden können.
Weiter im Text ...
Durch Kernfusionsprozesse entstanden jetzt die Atomkerne von überwiegend Wasserstoff, viel weniger Helium und in sehr geringem Anteil auch Lithium.
Okay, das ist einleuchtend, da diese Elemente nach der Reihe die einfachsten Konstruktionspläne aufweisen und nach dieser Reihenfolge am einfachsten entstehen können. **Da meckere ich mal nicht.** Doch den ganzen Bockmist davor darf man bis zu diesem Punkt nicht einfach inhalieren und so hinnehmen.

Nun soll es Einhunderttausend Jahre gedauert haben, bis die Temperatur des Universums durch die weitere Ausdehnung fiel.
Wie die weiteren Prozesse von Wasserstoffnebeln über einen Impuls zur Verdichtung zu den ersten Sternen und dadurch zu den weiteren Elementen durch Supernovae stattfanden, wurde ja bereits erklärt.

So **soll** es also gewesen sein, wenn von einem völlig unerklärbaren Urknallszenarium ausgegangen wird.
Nichts davon ist bewiesen und alles ist mit „SOLL" bestückt. Ich muss das kritisieren und ich darf es einfach nicht unerwähnt lassen.
Ich halte diese Entstehungsdarstellung natürlich für weit überwiegend falsch, da es nach meiner ausführlichen Darstellung keinen Urknall gab und alle weiteren Behauptungen somit in diesem direkten Zusammenhang falsch sind.
Doch da es den Urknall nicht gab, muss die Materiebildung einen anderen Auslöser gehabt haben. Einen Mechanismus, der keinen unerklärlichen Urknall und keine zig weiteren Annahmen benötigt und dennoch zu den Wasserstoffnebeln führte, welche die weiteren Auslöser für alle weiteren Prozesse waren.

Was war also die Ursache für die Entstehung des Wasserstoffs und dem daraus resultierenden Entwicklungsprozess, der Teil eines unendlichen Kreislaufs sein muss?

Nun beginne ich weit auszuholen, weil es einfach sein muss.
In der Physik gibt es mehrere Heiligtümer, die man in Fachkreisen immer wieder gern im Sprachgebrauch als den jeweiligen „Heiligen Gral" zu einem Kernthema bezeichnet. So, wie die 1a Supernovae bezüglich der Raumexpansion.
Eines weiteres dieser Heiligtümer ist das Prinzip von Ursache und Wirkung.
Durch dieses Prinzip nehmen viele ebenfalls an, dass es einen Anfang gegeben haben muss.
Ich werde nun darlegen, dass es bezogen auf dieses Prinzip nicht so gewesen sein muss, dass jede Wirkung eine **vorhergehende** Ursache als Impulsgeber benötigt.
Das ist nur dann so, wenn linear gedacht wird. Ich denke jedoch sehr rund.
Bereits dann, wenn die Quantenmechanik zurate gezogen wird, ist nicht mehr beweisbar, was im tiefsten Urgrund von allem Seienden Ursache und Wirkung ist.
Ich will dies jedoch von einer anderen Seite angehen, auch wenn die Quantenmechanik dafür alleine bereits ausreichen würde.

Kausalität:
In unserem Alltagsleben nehmen wir ständig Eindrücke von Ursache und Wirkung wahr.
Der griechische Philosoph Aristoteles suchte bereits in der Antike nach dem sogenannten Unbewegten Erstbeweger.
Generationen von Wissenschaftlern taten es ihm gleich und wurden bis heute nicht fündig.
Ich beschäftigte mich auch mit diesem Problem und kam lange nicht weiter.
Dann nutzte ich wieder die Technik der anderen Fragestellung.

Ist die Frage,
„Was war der
Unbewegte Erstbeweger?",
etwa die falsche Frage?

Ich begann die Frage umzuformulieren und stellte dann nach mehreren Anläufen diese Frage:

„Gab es überhaupt einen
Unbewegten Erstbeweger?"

Ich blickte sehr lange auf diese Frage, versank tief in Gedanken und plötzlich klingelten mal wieder die Alarmglocken in meinem Kopf!

Kennen Sie das Uroboros Symbol?

Das Symbol hat mehrere Bedeutungen, die jedoch überwiegend eine sehr interessante Schnittmenge besitzen. Diese Schnittmenge ist der Urzustand der Polarisierung.
Besser gesagt ist das Uroboros der zugrundeliegende Zustand von allem.
Es symbolisiert eine Kraft, die sich ständig „verbraucht" und erneuert.
Es ist zudem ein Symbol für Ewigkeit und die sich wandelnde Materie.
Die nun folgende Beschreibung ist für meinen Geschmack etwas zu mystisch, doch es geht einzig um die überwiegende Kernaussage der verschiedenen Definitionen. Ich betone das, weil ich nicht will, dass Sie nun denken, dass ich jetzt in den esoterischen Bereich abdrifte.
Folgend eine umfangreiche Definition von:
Cooper, J. C. (dt. 1986, orig. 1978, S. 202f).
Uroboros in: **Illustriertes Lexikon der traditionellen Symbole**.

Uroboros:
Dargestellt als Schlange oder Drache, sich in den eigenen Schwanz beißend.
»Mein Ende ist mein Anfang«.
Symbolisiert das Undifferenzierte; die Totalität; uranfängliche Einheit; Selbstgenügsamkeit.
Er zeugt, ehelicht, befruchtet und tötet sich selbst. Er ist der Zyklus von Desintegration und Reintegration; von Kraft, die sich fortwährend verbraucht und erneuert; der ewige Kreislauf, zyklische Zeit: die vereinten uranfänglichen Eltern; der Androgyn; die uranfänglichen Wasser; die Finsternis vor der Schöpfung; die Behinderung der vollen Entfaltung des Universums vor dem Kommen des Lichts; die Möglichkeit vor der Verwirklichung. In der Grabkunst stellt der Uroboros Unsterblichkeit, Ewigkeit und Weisheit dar. In vielen Mythen umschließt er die ganze Welt und ist der Lauf der Wasser, welche die Erde umkreisen. Er kann die Welt tragen und auch erhalten und kann Tod in das Leben bringen, aber auch Leben in den Tod. **Scheinbar unbeweglich, ist er andererseits ein Perpetuum Mobile**, immerzu auf sich selbst zurückprallend. In der **orphischen Kosmologie** umschließt er das Welten-Ei. Macrobius bringt ihn mit der Bewegung der Sonne in Verbindung. Alpha und Omega werden häufig mit dem Uroboros dargestellt. **Ägypt.**: Der Kreis des Universums; der Pfad des Sonnen-

gottes. **Alchimist**.: Die ungeminderte Kraft der Natur; verborgene Macht; die nicht geformte materia; das opus circulare von chemischen Substanzen im hermetischen Gefäß. **Buddhist.**: Das Rad des samsara. **Griech.**: In der orphischen Symbolik ist er der Kreis um das Welten-Ei und ist das Äon, die Lebensspanne des Universums. **Hinduist**.: Das Rad des samsara. Als verborgene Energie teilt der Uroboros die Symbolik des kundalini. **Sumero-semit**.: Das All-Eine."

Ende des Textauszuges.

Ja, doch, das ist mir bei einigen Passagen zu esoterisch.
Doch die überwiegende Schnittmenge ist von großer Bedeutung.

Vor allem jene Textpassagen:
...„die uranfänglichen Wasser; die Finsternis vor der Schöpfung; der ewige Kreislauf ...
Scheinbar unbeweglich, ist er andererseits ein Perpetuum Mobile, immerzu auf sich selbst zurückprallend."
Plötzlich machten meine Gedanken mehrfache Purzelbäume und ich bekam wieder dieses Gefühl, bei dem es im Hirn kribbelt und einem kalt den Rücken hoch und runter läuft. Eine Idee ergab nun die nächste und ich sprang förmlich an den Computer, um diese Ideen festzuhalten.

Die Frage:
„Was war der Unbewegte Erstbeweger?", ist tatsächlich die falsche Frage!

Wenn von einem allen zugrundeliegenden Zustand ausgegangen wird, der in sich selbst und aus sich selbst heraus endlos dynamisch ist, dann ist ein – Unbewegter Erstbeweger – völlig zu verneinen und es entstehen völlig neue Möglichkeiten für weitere Ideen.
Der vermutete - Unbewegte Erstbeweger - wäre somit ein riesiger Irrtum, der zu massiven Folgefehlern führte.
Es gäbe dann kein Feld, keine Teilchen, keine Welle oder etwas Sonstiges, das relativ betrachtet jemals unbewegt war, wenn die tiefste Ebene allen Seins ewige und unendliche Dynamik ist, die sich durch sich selbst unermüdlich antreibt.

Welche Hinweise gibt es für die Richtigkeit dieser Überlegung?

Zum Beispiel die Nullpunktenergie:

Nun komme ich der Quantenfeldtheorie und der Quantenmechanik näher. Die Nullpunktenergie wird auch als Vakuumenergie bezeichnet. Es geht dabei um das sogenannte quantenmechanische „Nichts". Dieses „Nichts" ist ein Vakuum ohne physische Teilchen. Das ist nach meiner Ansicht falsch und darauf gehe ich noch ein.

Das Fehlen von physischen Teilchen bedeutet jedoch nicht, dass es ein absolutes Nichts im philosophischen Sinne ist. Das, was bleibt, ist durchweg Vakuumenergie.

Die Quantenmechanik sagt aus, dass immer eine Wahrscheinlichkeit dafür besteht, dass Virtuelle – Teilchen- und Antiteilchenpaare im Vakuum auftauchen. Die quantenmechanische Wirkung ist immer eine wellenartige Wirkung. Im Falle der Vakuumenergie sind es Virtuelle - Teilchen und Antiteilchenpaare, die in extrem kurzen Zeiteinheiten auftauchen und sich dann wieder vernichten **sollen**.

Prinzipiell kann jedes physische Teilchen durch Quantenfeldfluktuation auch als Virtuelles - Teilchen **kurzfristig** entstehen. Wenn es genau genommen wird, dann sind diese Virtuellen – Teilchen kurzfristig bereits Physische – Teilchen.

Es gibt jedoch auch die Möglichkeit, dass aus Virtuellen – Teilchen **bleibende** Physische - Teilchen werden! ->

Dies ist ein Teil des Fundaments meiner These.

Die verschiedenen Virtuellen - Teilchen stellen sich für den minimalen Zeitfaktor ihrer Existenz durch verschiedene Wellenlängen dar.
Diese Vielfalt der Möglichkeiten von verschiedenen Wellenlängen lässt sich jedoch verringern, wenn die Vorraussetzungen für die Möglichkeiten der Entstehung bestimmter Wellenlängen begrenzt werden. Solch eine Begrenzung kann ganz einfach dadurch erzeugt werden, indem zum Beispiel zwei perfekt leitende und stark heruntergekühlte Metallplatten in einem Experimentaufbau in einem Vakuum parallel zueinander ausrichtet und der Abstand zwischen den Plattenflächen sehr gering gehalten wird.
Ein experimentelles Indiz, für die Vakuumenergie und somit für die Wirkung von Virtuellen – Teilchen, zeigt der Casimir-Effekt, der nach dem niederländischen Physiker Hendrik Casimir benannt wurde, welcher diesen Effekt der Quantenfeldtheorie bereits 1948 vorhersagte. Im Jahre 1956 wurde dieser Effekt erstmals durch die russische Forschungsgruppe von Boris Derjaguin, I. Abrikosowa und Jewgeni Lifschitz bestätigt.

Zwei Jahre später nochmals von Marcus Sparnaay.

Letztendlich laufen alle gemachten Versuche darauf hinaus, dass das gesamte Vakuum eine Form der Energie ist, die sich durch Quantenfeldfluktuationen als Virtuelle – Teichen darstellt und messen lässt.

Dies läuft mit der Aussage der Quantenmechanik so weit konform. Folgend stelle ich den Casimireffekt bildlich dar.

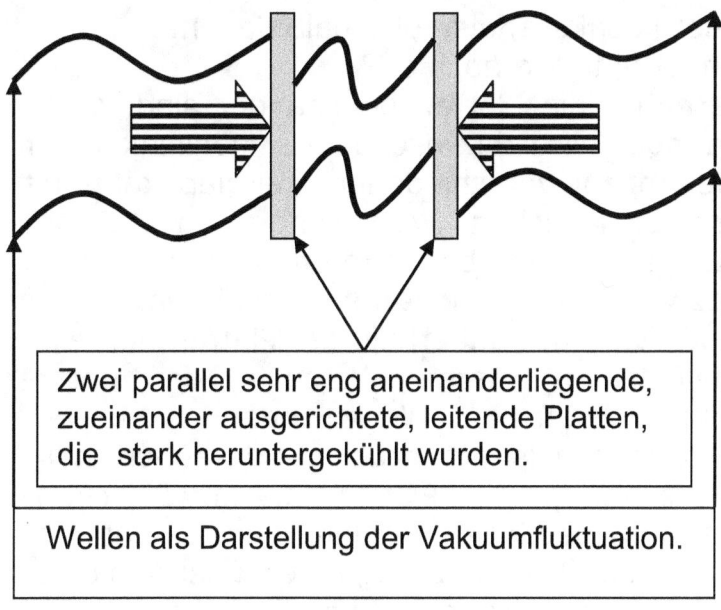

Zwei parallel sehr eng aneinanderliegende, zueinander ausgerichtete, leitende Platten, die stark heruntergekühlt wurden.

Wellen als Darstellung der Vakuumfluktuation.

Die beiden Platten werden so weit wie möglich abgekühlt, da Temperatur nichts Anderes als Strahlung ist und diese würde das Ergebnis beeinflussen. Außerhalb der beiden

Platten sind sehr viele verschiedene Wellenlängen der Vakuumschwankung möglich. Jede einzelne Schwankung kann laut Quantenmechanik jedoch nur eine einzige bestimmte Größe sein. In der Quantenmechanik wird solch eine Größe als Energiepaket bezeichnet.
Wellen einer bestimmten Länge stellen auch eine bestimmte Energiegröße des entsprechenden Paketes dar.
Zwischen den beiden Platten sind jedoch nur bestimmte Wellenlängen möglich und somit weit weniger Möglichkeiten für verschiedene Energiepakete, als außerhalb davon.
Hallo! Sind Sie noch da?
Je näher die Platten beieinander sind, desto geringer wird dazwischen die Möglichkeit für die Anzahl verschiedener Energiepakete mit unterschiedlichen Wellenlängen. Wellenlängen ab einer bestimmten Länge können dazwischen also nicht mehr existieren.
Dadurch, dass außerhalb der Platten nun eine Vielfalt von Energiepaketen in den unterschiedlichsten Wellenlängen jeweils kurzfristig existiert, drücken von außen mehr Wellen gegen die Platten, als im Zwischenraum ausgeglichen werden kann. Es entsteht somit ein Feld mit negativer Energiedichte. Die Platten werden aneinandergedrückt. Dies ist damit ein sehr starkes Indiz für die Existenz der Virtuellen - Teilchen.

Dass diese als virtuell bezeichneten Teilchen eine Kraftwirkung erzeugen, ist somit erkennbar.

Auch auf der atomaren Ebene sind Vakuumschwankungen der Quanten zu beobachten. Durch Messungen der atomaren Energieniveaus wurde herausgefunden, dass Vakuumschwankungen real existieren.

Virtuelle – Teilchen sind also nachgewiesen!

Die heutige moderne Physik mit der Quantenmechanik, der Quantenfeldtheorie und der Unschärferelation nach Werner Heisenberg, dem gesamten elektronischen Bereich und der Speziellen- und Allgemeinen Relativitätstheorie nach Albert Einstein würde ohne „Virtuelle - Teilchen" völlig zusammenbrechen.

Der Grund dafür ist, dass beobachtbare und messbare Effekte keinen logischen Sinn mehr ergäben. Virtuelle Teilchen sind zwingend für jedwede Übertragung einer Wechselwirkung notwendig.

Da alle Wechselwirkungen **überall** bestens funktionieren, müssen „Virtuelle Teilchen" überall sein, wo diese funktionieren. Auch in der Materie und um sie herum. Ohne „Virtuelle - Teilchen" könnte also keine Art von Energie übertragen werden.

Davon lässt sich logisch herleiten, dass das sogenannte Vakuum selbst nichts Anderes als Energie ist, die sich zu dem umwandeln kann, was in der Physik als Physische – Teilchen bezeichnet wird.

Ja, physische Teilchen! Warum? Weil ich die Bezeichnung „virtuell" für diese Teilchen als falsch gewählt betrachte. Der Grund dafür ist, dass diese Teilchen sehr wohl physisch existent sind, auch wenn es nach unserem Zeitempfinden nur ein sehr kurzer Zeitraum ist. Doch das, was wir empfinden, hat damit nichts zu tun.

Dass diese Teilchen eine messbare Wirkung verursachen, stellt ihre zeitlich beschränkte Existenz ebenso dar.

Zudem sind diese Teilchen für jedwede Wechselwirkung notwendig. Sie sind somit ein fundamentaler physischer Wirkungsfaktor dafür, dass eine Physische – Welt überhaupt existieren kann.

Meine These geht sogar noch weiter, denn ich gehe dabei davon aus, dass das Vakuum das, was wir als die Physische - Welt bezeichnen, erst entstehen lässt.

Da Energie gleich Masse multipliziert mit der Lichtgeschwindigkeit zum Quadrat ist, muss das Vakuum ein unendlicher, ewiger Energiefaktor und ebenso ein ewiger und unendlicher Informationsspeicher sein.

Es kann logisch begründet auch argumentiert werden, dass alles was je war, ist und je sein wird, eine untrennbare Erscheinungsform des Vakuums ist.

Somit kann jedwede Erscheinungsform als eine Art von möglichem „Aggregatzustand" des Vakuums bezeichnet werden.

Ich werde den Begriff Virtuelle - Teilchen fortfolgend beibehalten, damit klar bleibt, wovon ich im jeweiligen Textabschnitt spreche.

Bei Virtuellen - Teilchen gilt:
Je höher ihre Masse ist, desto kürzer ist ihre „Lebensdauer" und die Reichweite der zugehörigen Wechselwirkung. Je höher ihre Masse ist, desto geringer wird zudem die Wahrscheinlichkeit für ihre Entstehung.

Fakt ist, dass ununterbrochen bestimmte virtuelle Teilchen mit den unter- schiedlichsten Massen entstehen müssen, damit die Welt der Materie und der elektromagnetischen Strahlung nicht zusammenbricht.

Damit sich Materie bilden konnte, waren die notwendigen Virtuellen - Teilchen die Grundvoraussetzung dafür. Die Virtuellen – Teichen entstammen jedoch dem Vakuum mit seinen energetischen Eigenschaften und seinen ständigen Quantenfeldfluktuationen.

Dass die Begriffsfindung „Virtuelle - Teilchen" falsch ist, möchte ich gerne nochmals von einer anderen Sicht aus darlegen. Wenn Sie das nicht lesen wollen, dann überspringen Sie es einfach.

Viele Menschen denken, dass Virtualität das Gegenteil von Realität ist. Dabei ertappte ich auch schon hochgradige Professoren und Doktoren. Das ist in diesem Zusammenhang jedoch falsch.

Das Gegenteil von **virtuell** ist in diesem Kontext **physisch**, also körperlich, im physikalischen Sinne. Demnach müsste alles Virtuelle nichtkörperlich im physikalischen Sinne sein.

Stellen wir nun den Begriff
„Körper"
aus der Klassischen Physik
all dem gegenüber,
was als
virtuell wahrnehmbar
bezeichnet wird
und denken wir zusammen nach.

Laut der klassischen Physik definiert sich ein Körper durch Masse. Masse ist das, was eine Balkenwaage misst. Die Maßeinheit ist das Kilogramm und seine ihm unter- und übergeordneten Einheiten.

Zwei Massen sind gleich, wenn sie unter den exakt selben Messbedingungen zum selben Messergebnis in Kilogramm führen.

Dabei ist auch zu berücksichtigen, ob es sich um Ruhemasse oder bewegte Masse handelt.

Virtuelle – Teilchen existieren jedoch für eine minimale Zeiteinheit und sie üben einen nachweisbaren Druck aus. Somit dürfen sie nach meiner Meinung nicht als virtuell betitelt werden.

Sie sind kurzfristig physisch und genau das ist die richtige Bezeichnung.

Wie sieht es nun mit der Definition von virtuell und physisch laut Lexikon aus? Ist sie richtig? Ist etwas Physisches und etwas Virtuelles tatsächlich etwas Gegensätzliches?

Da ich ein elender Nörgler und tiefgründiger Denker bin, bin ich mit dieser Gegensätzlichkeit von virtuell und physisch auch nicht einverstanden.
Warum?
Weil es dazu einfach zu viele bedeutende Faktoren gibt, die bei dieser Polarisierung nicht beachtet wurden, darum.
Wenn Sie zum Beispiel ein Videospiel spielen oder eine Fernsehsendung betrachten, dann sehen Sie lauter virtuelle Bilder, die jedoch auf Sie in großem Umfang genauso wirken können, wie eine körperliche Sache.
Sie können also eine virtuelle Darstellung von einer Frau oder einem Mann ebenso sexy oder uninteressant finden, wie eine körperliche Person.
Eine virtuell dargestellte Torte kann ebenso Ihren Appetit anregen, wie eine körperliche Torte, die sie betrachten.
Ein misshandeltes virtuelles Tier kann ebenso ihr Mitleid erregen, wie ein misshandeltes körperliches Tier.
Ein Freund von mir spielte ein Onlinespiel, bei dem er seine virtuellen Tiere rechtzeitig virtuell füttern musste. Tat er dies nicht, dann „verhungerten" sie in dieser virtuellen Welt und „starben" dort.
Ob Sie mir das nun glauben oder nicht, Fakt ist, dass er während einer sehr spannenden Diskussion einmal aufsprang und dringend heim wollte, da er bald diese „Tiere" füttern

musste und kein internetfähiger Computer in greifbarer Nähe war. Sein Aufbruch kann durchaus als panisch bezeichnet werden.

Vielleicht lachen Sie nun und denken sich, dass das doch nur virtuelle Tiere waren. Ja, stimmt, doch er hatte neben einer echten Zuneigung auch eine ernsthafte Verantwortung für diese virtuellen „Wesen" entwickelt. Diesbezüglich gab es keinen Unterschied zu einem körperlichen lebenden Tier.

Mit körperlichen „Dingen" können Sie jedoch anders interagieren, als mit den virtuellen. Klar? Logisch! Oder?

Die körperliche Frau oder den körperlichen Mann können Sie umarmen, Sie können zusammen in der körperlichen Welt etwas unternehmen und so weiter.

Die körperliche Torte können Sie essen und davon satt werden.

Das körperlich misshandelte Tier können Sie pflegen und durch Ihre Zuneigung eventuell dafür sorgen, dass es sich besser fühlt.

Es muss jedoch ganz klar und deutlich akzeptiert werden, dass virtuelle Erscheinungsformen bis zu einem sehr hohen Grad zu den selben seelischen und körperlichen Reaktionen führen können, wie physische Erscheinungsformen.

Es geht sogar noch viel weiter!

Stellen Sie sich bitte eine Torte aus Kunststoff vor, die optisch so gut dargestellt wurde, dass Sie diese nicht von einer übli-

chen Torte unterscheiden können. Zudem wurde die Kunststofftorte mit künstlich erzeugten Aromastoffen besprüht. Vor Ihnen steht nun eine Torte, die aussieht wie eine Torte und auch so duftet.
Diese Torte ist jedoch physisch und wenn der Kunststoff weich genug ist, dann ist die Torte sogar essbar und durch die Geschmacksstoffe könnte sie sogar schmecken wie eine Torte. Diese künstliche Torte würde uns sogar satt machen, da sie unseren Magen füllt. Ob sie uns bekommt oder nicht, hängt einzig von ihren Inhaltsstoffen ab.

Nun, ist diese Torte virtuell? Nein.
Sie ist jedoch nicht das, was sie zu sein scheint, dennoch ist sie eindeutig physischer Natur im klassischen physikalischen Sinne. Sie ist jedoch nicht das, was wir tatsächlich laut unseren Erfahrungswerten von einer Torte rein materiell erwarten würden.

Dies jedoch nur deshalb, weil sie aus <u>anderen Materialien</u> besteht.

Es kann jedoch definitiv behauptet werden, dass diese künstliche Torte eine materielle künstliche Torte mit Masse ist. Sie könnten auch eine als Bild dargestellte Torte essen, indem Sie das Bild mit der Torte essen!

Weitere Beispiele:
Im Fachbereich der Optik gilt, dass ein Bild, das ein Tageslichtprojektor auf beispielsweise eine Wand strahlt, ein echtes Bild ist. Wenn dieses Bild des Tageslichtprojektors als Abbild in einem Spiegel betrachtet wird, dann wird dieses Spiegelbild als virtuell bezeichnet.

Bestimmte Hologramme können bei beidäugiger Betrachtung einen eindeutig dreidimensionalen Eindruck vermitteln. Solche Hologramme werden als virtuell bezeichnet.
Der Effekt eines 3D Kinofilms wird ihnen eventuell auch bekannt sein.
Letztendlich ist es jedoch Fakt, dass alles, das wir sehen, nur Bilder **in** unserem Kopf sind. Was wir sehen fühlen, hören, schmecken, riechen und so weiter, sind letztendlich nichts anderes als verschiedene Signale, die im Gehirn durch bislang nicht vollständig verstandene Prozesse als Bilder, Gefühle und Wahrnehmungen interpretiert werden.
Wie leicht diese Interpretationen manipuliert werden können, erwähnte ich bereits im vorderen Teil dieses Buches.
Virtuelle Erscheinungsformen sind also nicht das Gegenteil von real und auch nicht zwingend das Gegenteil von physisch. Sie sind

nach unserer Definition existent und sie besitzen die unterschiedlichsten Möglichkeiten zu wirken.

Das, was wir als virtuell bezeichnen können, muss jedoch auch keineswegs ohne Masse sein, wie die entsprechenden Beispiele zeigten.

Virtualität muss also in verschiedene Gruppen unterteilt werden, damit sie definiert werden kann. Je nach virtueller Gruppe kann dann der jeweilige Gegensatz ermittelt werden.

Es ist somit dargelegt worden, dass es nicht nur eine Art der virtuellen Wahrnehmung gibt.

Oder besser gesagt:

Es können vom Wesen her ganz verschiedene Auslöser für eine virtuelle Wahrnehmung verantwortlich sein. In jedem Fall sind diese Auslöser jedoch so existent, wie wir Existenz definieren und sie können durchaus physischer Natur sein.

Eine neue Unterteilung in logische Gruppen von Virtualität soll jedoch nicht Teil dieses Buches werden, auch wenn ich konkrete Ideen dazu habe.

Diese Darlegung war für die Beweisführung wichtig, dass die als virtuell bezeichneten Teilchen in Wahrheit nur kurzlebige physische Teilchen mit bestimmten Eigenschaften sind.

Betrachten wir die Virtuellen – Teilchen nun nochmals genauer:
Virtuelle – Teilchen besitzen die Fähigkeit zu wirken und sie bestehen sehr wohl für einem minimalen Bruchteil einer Sekunde als physische Teilchen, auch wenn das manche Leute gerne wegdiskutieren wollen, damit ihr Physikgebäude nicht einstürzt.

Nun ist es jedoch auch so, dass durch Zufuhr von Energie Virtuelle - Teichen zu physischen Teilchen transformieren können. Dem Vakuum scheint offensichtlich, in den von uns überschaubaren Zonen, die Energie zu fehlen, um aus den Virtuellen – Teilchen langfristig bestehende werden zu lassen. Ich betone offensichtlich!

Dazu ein Zitat des Nobelpreisträgers Frank Wilczek:
Zitatanfang:
"Virtuelle Teilchen sind spontane Fluktuationen eines Quantenfeldes. Reale Teilchen sind Anregungen eines Quantenfeldes mit einer für Beobachtung brauchbaren Beständigkeit. Virtuelle Teilchen sind Transienten (Übergänge), die in unseren Gleichungen erscheinen, nicht aber in Messgeräten.
Durch Energiezufuhr können spontane Fluktuationen über einen Schwellenwert verstärkt werden, was bewirkt, dass an-

sonsten virtuelle Teilchen zu physischen Teilchen werden." Zitat Ende.
Entnommen aus:
Frank Wilczek: The lightness of being: mass, ether, and the unification of forces - New York:
Basic books, 2008.
ISBN 978-0-465-00321-1 - Glossary, S. 241

Dieses Zitat sagt in dem von mir hervorgehobenen Teil ganz klar aus, dass durch Energiezufuhr spontane Fluktuationen über einen Schwellenwert verstärkt werden können, was bewirkt, dass ansonsten Virtuelle - Teilchen zu Physischen - Teilchen werden. Auf die Energiezufuhr werde ich noch eingehen.
Ich kann diesem Zitat nur teilweise zustimmen.

Der Teil, dem ich nicht Zustimme, ist jener, dass Virtuelle – Teilchen nur in den Gleichungen, jedoch nicht in Messgeräten erscheinen.

Jeder Elektroingenieur kennt das Problem, dass es in elektronischen Schaltkreisen das sogenannte Grundrauschen gibt. Der Grund dafür ist, dass sich um die Elektronen „Wolken" aus Virtuellen – Teilchen bilden, wenn sie in diesen Schaltkreisen ihren Atomkernen zu nahe kommen. Durch diese Wolken aus Virtuellen - Teichen entsteht eine minimale Schwankung der Strahlung der Elektronen.

Diese Schwankungen sind messbar und somit nicht nur der Teil einer Formel.

Für meine These ist es jedoch von fundamentaler Bedeutung, dass aus virtuellen Teilchen durch Energiezufuhr „langlebige" Physische - Teilchen entstehen können.

Dass die sogenannten Virtuellen – Teilchen also nicht messbar sind, ist eine falsche Behauptung. Es kommt lediglich auf das „Messgerät" an.

Das Problem für einige Physiker scheint zu sein, dass diese Teilchen auf der einen Seite für jedwede Wechselwirkung dringend benötigt werden und auf der anderen Seite ist dieser Fakt, dass durch Quantenfeldfluktuationen bereits extrem kurzlebige Teilchen entstehen, eine unangenehme Tatsache, die nur zu oft und zu gerne wegdiskutiert wird.

Ich las und hörte diesbezüglich schon öfter Aussagen von Fachexperten zu dem Thema, **dass es Virtuelle – Teilchen eigentlich**

gar nicht gibt, dass es sie andererseits jedoch zwingend geben muss. Der erste Teil dieser Aussage ist schlicht gesagt falsch. Virtuelle - Teilchen gibt es, wenn auch stets nur sehr kurz, wenn keine ausreichende Energie hinzugeführt wird.
Bezüglich Energie kommen wir nun übergreifend zu einem anderen wichtigen Thema.

Kennen Sie den 1. Hauptsatz der Thermodynamik?

Dieser erste Hauptsatz ist vom Energieerhaltungssatz abgeleitet und sagt unter anderem aus, dass Energie eine extensive Erhaltungsgröße ist, die ihre Energieform verändern kann.
Was bedeutet das?
Sie kennen das Prinzip aus dem Alltag.
Wärmeenergie kann sich in Bewegungsenergie umwandeln und Bewegungsenergie in Wärmeenergie. Einem System kann Energie von außen zugeführt werden und ein System kann Energie nach außen abgeben und so weiter.
Wesentlich ist jedoch die Aussage, dass in einem **geschlossenen** System Energie niemals verloren gehen- oder hinzugewonnen werden kann.
Innerhalb des geschlossenen Systems kann also keine zusätzliche neue Energie erzeugt- und keine bereits vorhandene vernichtet

werden. Die Energie des **geschlossenen** Systems kann sich nur innerhalb des Systems umwandeln.

Energie **in einem geschlossenen System** ist somit eine Größe, die in ihrer Summe immer unverändert erhalten bleibt.

Diese Gesamtenergiesumme des geschlossenen Systems kann sich nur durch einen Energieaustausch mit der Umgebung außerhalb des geschlossenen Systems verändern, jedoch niemals innerhalb eines geschlossenen Systems. Dazu muss sich ein geschlossenes System also äußeren Einflüssen öffnen, damit Energie hinzugefügt oder abgeführt werden kann.

Energie verschwindet also niemals in ein sogenanntes philosophisches Nichts und entsteht niemals daraus.

Oha, ich vergaß, dass dies dem Urknall jedoch erlaubt wurde. Zumindest von einigen Fachexperten, doch nicht von allen.

Wenn der Urknall als Basissystem hergenommen wird, dann muss dabei von einem geschlossenen System ausgegangen werden, wenn das All als System betrachtet wird. Sie wissen ja, nach der Urknallthese expandiert das Universum und es muss somit jeweils eine „sekundäre Begrenzung" haben, die sich nach der Meinung der Vertreter dieser These ununterbrochen in jedwede Richtung ausdehnt. Innerhalb dieses geschlossenen Systems kann also keine Energie verloren gehen und keine neue dazukommen. Der Grund dafür ist, dass es nach dieser Definition kein Außerhalb gäbe, das energetischen Einfluss auf das System nehmen könnte. Nach der Urknallthese „muss" es ein logisch denkender Mensch einfach hinnehmen, dass sich das Universum zwar ausdehnt, doch dass es nichts gibt, wohin es sich ausdehnen könnte. Das mag so hinnehmen wer will, ich jedoch nicht. Und die Erklärungsversuche für dieses Ausdehnen sind Mumpitz!

Wie sieht es nun aus, wenn von ewiger Unendlichkeit ausgegangen wird, so wie ich es logisch untermauerte? Es sieht sehr gut aus, um es humorvoll zu sagen.

Es gibt in ewiger Unendlichkeit ewige und unendliche Energie! Das mag in manche Köpfe nicht eindringen. Das ändert jedoch nichts an dieser logischen Konsequenz.

Das Vakuum selbst ist ein ewiger und unendlicher Energiefaktor. Raum gibt es nur in unserer fiktiven Gedankenwelt. Die unterste Ebene von allem ist das ewige und unendliche Vakuum, das sich für mich als Gott offenbart. Wenn wir von Raum sprechen, meinen wir im Grunde das Vakuum.

Wenn sich in einem ewigen und unendlichen Vakuum etwas ausdehnt, dann ist immer Vakuum für diese Ausdehnung und jedwede andere Veränderung vorhanden und es gibt dabei keinerlei logische Widersprüche.

Bei der Urknallthese schreien einem die logischen Widersprüche gerade auch in diesen wesentlichen Punkten regelrecht an.
Ewige Unendlichkeit ist ein großer Unterschied zur Urknallthese! Warum? Weil Energie für notwendige Prozesse jederzeit verfügbar ist und jederzeit von außerhalb in ein zuvor definiertes System einfließen kann, bis es energetisch gesättigt ist. Wenn ich als Basis jedoch ein begrenztes Gesamtenergiesystem habe, dann kommt es zu logischen und mathematischen Konflikten.
In einem begrenzten Universum könnte die Gesamtenergie mit einer quantenmechanischen Schwankungsbreite grob berechnet werden. Die Rechnung ergäbe eine Zahl mit einer gewissen Toleranzangabe als Ergebnis, welche die Gesamtenergie dieses geschlossenen Systems darstellt. Diese Zahl dürfte sich außerhalb des Toleranzbereichs niemals verändern, da keine Energie verloren gehen- und keine hinzugewonnen werden kann. Bei einem **zudem expandierenden** Universum gäbe es derartige mathematische Probleme, dass die Gesamtenergiemenge nach meiner Ansicht nicht annähernd exakt bestimmt werden könnte.
Unendliche Energie in ewiger Unendlichkeit ergibt jedoch keine Zahl mit einer gewissen Toleranzbreite, sondern sie kann nur als ewig und unendlich definiert werden.

Ewige Unendlichkeit ist kein geschlossenes System, dem momentan eine Grenze zugestanden werden könnte. Es ist jedoch auch kein offenes System, da es kein Außerhalb davon gibt, mit dem es sich austauschen könnte.
Ein ewiges unendliches System entzieht sich jedweder Energiebegrenzung!
Nur in Zonen dieser ewigen Unendlichkeit können wir durch unsere Denkweise ein untergeordnetes System als geschlossen oder offen – je nach Fall - definieren.
Die Natur der ewigen Unendlichkeit ist seiend und nach zugrundeliegenden Gesetzmäßigkeiten wandelbar. Nicht weniger und nicht mehr. Die folgende Zeichnung mit dem Folgetext soll dies verdeutlichen.

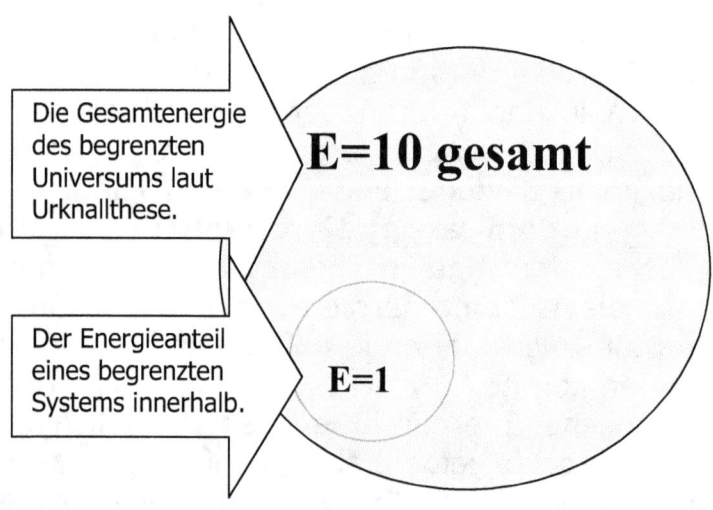

Ein ganz einfaches theoretisches Beispiel:
Benennen wir die Gesamtenergie des Alls nach der Urknallthese mit E=10. Gedanklich haben wir nun innerhalb ein System abgegrenzt, das einen Energiefaktor von E=1 bei selber durchschnittlicher Energiedichte besitzt. Das bedeutet, dass sich außerhalb dieses abgegrenzten E=1 Systems eine Restenergiesumme bei durchschnittlich gleicher Dichte eine Restsystemenergie von E=9 befindet. Würde ich dem System E=1 von dem Restsystem E=9 eine Energiemenge von E=8 hinzufügen, dann hätte das umliegende begrenzte System noch ein Energiepotenzial von E=1 und eine geringere Energiedichte als zuvor, wenn das Volumen unverändert bliebe. Die Energiedichte des kleineren Systems würde bei unverändertem Volumen jedoch um 8 Energieeinheiten steigen.

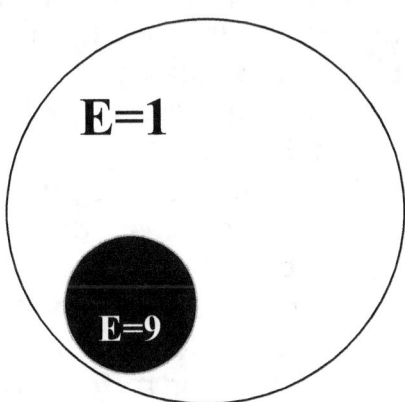

Das kleine System hätte jetzt die um E=8 höhere Energiedichte von insgesamt E=9 bei unverändertem Volumen. Das große System hätte nun die Restenergiedichte E=1 bei unverändertem Volumen. Die Gesamtenergie des großen plus des kleinen Systems ist immer noch E=10. Es ging insgesamt keine Energie verloren und es wurde keine hinzugewonnen.

Dieses **fiktive** Beispiel soll zeigen, dass bei einem geschlossenen System, wie es das All nach der Urknallthese darstellt, Energie nur **begrenzt** innerhalb des geschlossenen Systems verlagert werden kann, da von nirgendwo Energie einfließen kann.

Weitere spannende „Grenzbereiche":

Das, was wir bislang von der ewigen Unendlichkeit überblicken konnten, **zeigt uns für bestimmte Erscheinungsformen bestimmte Maximal- und Minimalgrößenskalen an.**

Beispielsweise wurde noch keine Galaxie größer/kleiner als X, noch kein Stern größer/kleiner als X und noch kein „Schwarzes Loch" mit größerer Masse als X gefunden. Energie scheint somit bestimmten Ansammlungs- und Wandlungsregeln zu unterliegen. Diese Beobachtungen und Messungen deuten sehr stark darauf hin, dass diese Systeme bezüglich der gegebenen Gesetzmäßigleiten bestimme Toleranzbereiche bezüglich Maximal- und Minimalgrößen zeigen, die sie offensichtlich nicht übertreffen und unterschreiten können. Dies weist eindeutig auf gewisse Naturgrenzkonstanten hin. Also Werte, für bestimmte Erscheinungsformen, die wegen gegebener Gesetzmäßigkeiten nicht über- oder auch je nach „Sache" - unterschritten werden können. Das sind gute Anhaltspunkte innerhalb des jeweiligen Toleranzrahmens für eine schöne und saubere Physik.

Gewisse Gesetzmäßigkeiten führen somit zu bestimmten Ergebnissen, die sich innerhalb bestimmter Größenskalen befinden. Das ist fortfolgend noch wichtig.

Nach den heutigen Erkenntnissen kann das All somit niemals eine Singularität in dem Sinne der Urknallthese gewesen sein.

Eine saubere Wissenschaft darf nicht auf der einen Seite daherkommen und behaupten, dass Schwarze Löcher durch einen klar definierbaren Prozess entstehen, dass sie das Ende der „Verdichtung" jedweden Seins darstellen und auf der anderen Seite gleichzeitig behaupten, dass es nach bisherigen Annahmen bezüglich des bisher überblickbaren Universums cirka 100.000.000.000 Schwarze Löcher geben könnte, doch dass das, was diese entstehen ließ und alles andere, was existent ist, einst eine Minisingularität war. Dass solch eine Wissenschaft nicht mehr ernstgenommen- und von vielen in das Reich der Märchen befördert wird, ist verständlich.

Alles deutet bei logischer Analyse darauf hin, dass die ewige Unendlichkeit die einzige logische Schlussfolgerung ist und somit auch das darstellt, was wir als Wahrheit bezeichnen.

Es gibt so viele theoretische Ansätze über weitere Dimensionen, die alle mit exotisch klingenden Worten daherkommen.

Diese Theorien und Thesen werden den Studenten und anderen Wissbegierigen oft als Wahrheit verkauft und teilweise regelrecht einprogrammiert. Wissen muss jedoch nicht der Wahrheit entsprechen.

Das eigene Wissen und die tatsächliche Wahrheit können Lichtjahre voneinander entfernt sein.

Folgend will und muss ich in diesem Kapitel darlegen, wie nach meiner These der ewigen Unendlichkeit die Materie entstand und wie sich all die anderen Beobachtungen und Messungen damit vereinbaren lassen.

Die Entstehung der Materie nach meiner These:
Sie werden jetzt Seite für Seite bemerken, dass all meine vorhergehenden Schlussfolgerungen nacheinander zu einer harmonischen Einheit zusammenlaufen.

Der wesentlichste Unterschied bei der Entstehung von Baryonischer - Materie nach meiner These ist, dass bei meinem Modell das Vakuum kein philosophisches Nichts ist.

Das Vakuum ist bei meinem Modell sozusagen das, was Gott entspricht und zugleich die Mutter und der Vater der Baryonischen - Materie und allen daraus resultierenden Erscheinungsformen.

Nach meiner These gibt es in der ewigen Unendlichkeit, wie zuvor erwähnt, unendliche Energie.

Die ewige Unendlichkeit zeigt uns dort, wo es relevant ist, bestimmte Ober- und Untergrenzen mit bestimmten Toleranzbereichen für die Energiedichte bestimmter Erscheinungsformen.

Die extremste Energiedichte stellt dabei ein sogenanntes Schwarzes Loch dar.

Die dünnste Energiedichte stellt einen Vakuumsbereich dar, der von selbst keine

stabile Materie mehr erzeugen kann, weil die dafür notwendige Energie bereits umgewandelt wurde.

Das wird gleich sehr wichtig. Ich nehme also das, was wir im Labor der ewigen Unendlichkeit sehen und messen können, als die Basis für die Beweisführung meiner These her. Eine bessere und praxisbezogenere Basis gibt es dafür nicht.

Übertragen wir das nun auf das fluktuierende Vakuum mit den sogenannten Virtuellen – Teilchen:
Virtuelle - Teilchen können durch Energiezufuhr bezüglich des Schwellenwertes langlebige Physische – Teilchen bleiben. Das wissen Sie bereits.

Die notwendige Energie steht dafür in ewiger Unendlichkeit permanent zur Verfügung!

Ich persönlich nehme den gesamten Bereich der Quantentheorie mit all seinen Abzweigungen nicht nur sehr ernst, sondern ich sehe darin tatsächlich den richtigen Weg zum Ziel, da dieser Bereich riesiges Potenzial auf allen Ebenen besitzt.

Nach der Quantenmechanik ist das Vakuum ein „brodelnder Schaum" aus Quantenfeldfluktuationen, der unermüdlich Teilchen – <u>Antiteilchenpaare erzeugt und wieder zerstrahlt</u>.
Für mich zeigt dies einzig, dass das Vakuum eine eigene Energieform ist, die Teilchen erzeugen kann. Das Vakuum entspricht somit dem Uroboro und es ist Ursache und Wirkung in einem, da es aus sich heraus unendlich wirkt. Und damit, dass Teilchen und Antiteilchen entstehen, bin ich nicht einverstanden. Zumindest nicht in dieser Darstellung.
Ich möchte an dieser Stelle etwas ganz Wesentliches betonen. Der Grund dafür, dass behauptet wird, dass bei den Quantenfeldfluktuationen immer Teilchen – **und Antiteilchen**paare entstehen und sich wieder zerstrahlen, hat etwas mit dem

Urknallmodell zu tun. Laut diesem Modell gab es eine Anfangsenergiemenge. Dass keine neue Energie in einem geschlossenen System erzeugt werden kann, habe ich Ihnen zuvor dargelegt. Nach dem Urknallmodell ist das All ein geschlossenes System mit einer Energiemenge. Bei meinem Modell ist das All ewige Unendlichkeit und somit auch unendliche Energie. Das ist ein gravierender Unterschied!

Einige Wissenschaftler gehen bei der Entstehung von Teilchen aus dem Vakuum davon aus, dass dies nach dem Urknallmodell eine Mehrschöpfung von Energie sei, welche der Gesetzmäßigkeit der Thermodynamik wiederspräche. Damit kein Verstoß stattfindet einigten sich die Fachexperten darauf, dass die Teilchen nur extrem kurz und nur als Teilchen – Antiteilchenpaare erscheinen und dass sie sich dann sofort wieder zerstrahlen.

Dadurch wurde das Urknallmodell als geschlossenes System mit etwas unsauberer Kosmetik gerettet.

Ich behaupte, dass die Teilchen nicht als Teilchenpaare entstehen, sondern als kurzlebige Teilchen, die nicht genügend Energie für ihre Beständigkeit haben und somit wieder zu dem zerfallen, was wir als Vakuumenergie bezeichnen. Die Energiedichte in der von uns überblickbaren Zone scheint derzeitig nicht

auszureichen, um stabile Teilchen hervorzubringen.
Nun ist es so, dass nach dem Urknallmodell einst gleichviel Materie und Antimaterie entstanden sein soll. Materie und Antimaterie unterscheiden sich durch ihre Ladung.

Ein Beispiel dazu:
Anti-Wasserstoff besteht aus einem negativ geladenen Anti-Proton im Kern und einem positiv geladenen Positron in der „Hülle" des Atoms.

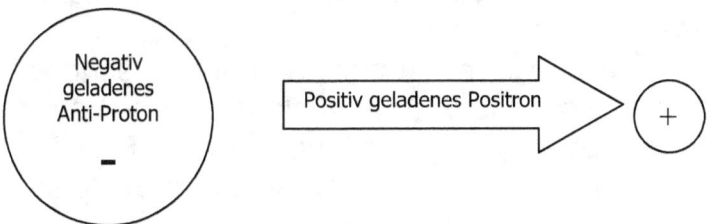

Beim normalen Wasserstoff ist die Ladung genau umgekehrt. Das Proton im Kern ist positiv und das Elektron ist negativ geladen.

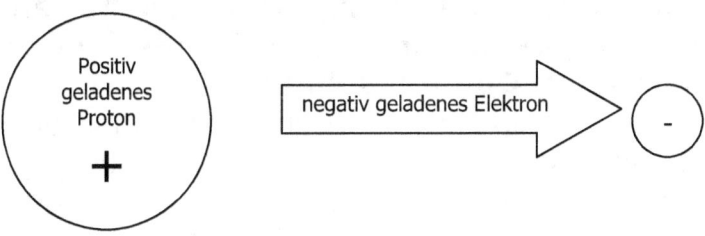

Materie und Antimaterie zerstrahlen sich jedoch komplett, wenn sie aufeinandertreffen. Demnach dürfte es nach dem Urknallmodell heute keine Materie geben, sondern lediglich Strahlung.

Da jedoch Materie da ist und so gut wie keine Antimaterie zu finden ist, haben sich einige Wissenschaftler mal wieder einer völlig unbegründeten Behauptung bedient, die ich bereits ansprach. Diese Behauptung sagt aus, dass bei einer Milliarde Zerstrahlungsvorgängen ein Materieteilchen übrig blieb. Es gibt dafür keinen logischen Grund. Es gibt auch keinen glaubwürdigen theoretischen Ansatz dafür.

Gern werden dann zur scheinbaren Rechtfertigung Sätze wie „Zum Glück war es so, denn sonst gäbe es uns nicht." verwendet. Fakt ist, dass es nicht einmal die Spur eines Beweises dafür gibt, dass es so war!

Ich behaupte, dass es nicht so war und meine eigene These kommt mit einer viel eleganteren Idee daher, wie Sie noch erfahren werden.

Wenden wir uns nach dieser wichtigen Zwischenbemerkung nun wieder dem brodelnden Quantenschaum zu.

Dieses unendliche Wabern des Quantenschaums ist zugleich unendliche Bewegung. Unendliche Bewegung bedeutet auch unendliche Veränderung. Wir sehen heute beim

Blick ins All sehr viel von dem, was wir als Materie bezeichnen. Damit meine ich physische Materie mit Masse. Es gibt auch Materie mit Masse, die wir nicht sehen. Diese für uns nicht sichtbare physische Materie ergibt sich aus den Objekten, die kein Licht absenden, das für unsere Beobachtungsapparaturen jedoch in ganz verschiedenen Spektren gebraucht wird, damit etwas gesehen werden kann.

Unter diese - für uns nicht sichtbaren - Objekte fallen also all jene, die nicht selbst leuchten und kein Licht reflektieren. Zumindest nicht in dem Ausmaß, wie es unsere Apparaturen benötigen würden.

Ich muss an dieser Stelle in diesem Zusammenhang auf die mysteriöse Dunkle Materie und Dunkle Energie eingehen.
Beides ist nicht direkt bewiesen, das gleich vorab. Es gab zwar 2011 den Nobelpreis für Forschungsergebnisse aus diesem Bereich, doch diese Forschungsergebnisse liefern eben keine Beweise, sondern Mutmaßungen bezüglich verschiedener Theorien, die ich bereits widerlegt habe. Beispielsweise die Raumexpansion, den Urknall und so weiter.

Die Dunkle Materie haben einige Astronomen postuliert, weil sonst nach ihrer Ansicht die Schwerkraftverhältnisse der Galaxien nicht stimmig wären. Kurz gesagt fehlt den Astronomen Masse, damit die Galaxien nach der bisherigen Gravitationstheorie nicht auseinanderdriften.

Damit wieder alles stimmig wird, wurde die Dunkle Materie hergezaubert und es gibt bislang keinerlei handfeste Anhaltspunkte dafür, was diese Dunkle Materie denn sein soll.

Nun, ich denke, dass ich da weiterhelfen kann.

Fakt ist ganz einfach, dass kein Astronom weiß, wie viele ausgebrannte Sterne, wie zum Beispiel Braune Zwerge, wie viele Schwarze Löcher, Planeten, Monde, Asteroiden und so weiter, es gibt. Diese Masse ist somit als x zu benennen!

Erst in den letzten Jahren wurden bei der Planetensuche viele Sterne entdeckt, die **mindestens** einen sehr massereichen Planeten in der Art eines Super - Jupiters mit sich führen. Bei anderen Sternen wurden sogar gleich mehrere Planeten gefunden und wenn diese Planeten auch noch Monde haben, dann kommt bereits diesbezüglich eine ganze Menge weiterer Masse mit dazu, die bislang nicht berücksichtigt wurde. Unser Sonnensystem hat zudem noch einen großen Asteroidengürtel und außerhalb der Neptunbahn den sogenannten Edgeworth-Kuiper-Gürtel, der mindestens 70.000 massereiche Objekte mit einen Durchmesser von 100 Kilometern besitzt und unzählige kleinere massereiche Objekte. All dies zusammen ergibt eine gewaltige mögliche Massemenge pro Stern mehr, als bislang mit einkalkuliert wurde.

Wasserstoff ist das häufigste Element im All. Der atomare Wasserstoff, der durch seine 21 Zentimeter-Emissionslinie gut nachgewiesen werden kann, reagiert (verbindet) sehr schnell zu molekularem Wasserstoff H2. Molekularer Wasserstoff kann jedoch so gut wie nicht gefunden werden, da er eine sehr hohe Transparenz besitzt. Wenn diese Fakten berücksichtigt werden, dann ergibt sich die logische Schlussfolgerung daraus, dass es WEITAUS MEHR MOLEKULAREN WASSERSTOFF in den Galaxien geben muss, als atomaren. Dieser Anteil muss bei der Masseberechnung in den Galaxien unbedingt mit eingerechnet werden.

Dazu kommen noch andere dunkle Nebel und natürlich die Wirkung der Virtuellen – Teilchen und somit die Wirkung des Vakuums selbst!

Wenn ich das alles über den Daumen gepeilt addiere, dann fehlt keine Masse mehr, damit die Galaxien zusammenhalten und dass sie es tun, sehen wir ja.

Also, bye, bye du liebe, mysteriöse Dunkle Materie. Wenn man tiefer nachdenkt, fehlt nämlich nichts. Ich will hier jedoch keine Zahlen angeben, da solch eine Angabe an den Haaren herbeigezogen wäre. Niemand wird jemals exakt sagen können, wie viel von der genannten physischen Materie wo exakt zu finden ist, da sich alles im Wandel befindet. Doch allein die Betrachtung unseres Sonnensystems lässt schlussfolgern, dass da nichts Mystisches verborgen ist, sondern dass das, was wir wegen fehlendem Licht oder fehlendem Verständnis nicht sehen, etwas ganz Gewöhnliches ist, das bereits benannt und bekannt ist. Es wurde nur nicht mit einkalkuliert.

Wie sieht es nun mit der geheimnisvollen Dunklen Energie aus?
Die Hypothese der Dunklen Energie wurde eingeführt, damit eine Energieform vorhanden war, welche die Raumexpansion erklärt. Ohne antreibende Energie expandiert nämlich nichts, das die bereits von mir widerlegte Raumexpansion ermöglichen würde!
Dass die Dunkle Energie nicht gefunden wurde, unterstützt somit meine These ebenfalls zusätzlich. Doch diese Stütze benötigt sie nicht, es sei jedoch erwähnt.

Ich behaupte jedoch, dass es Zonen mit höherer Energiedichte im All gibt. Doch diese

Zonen benenne ich hiermit als Zonen mit einem dichteren Vakuum, da das Vakuum selbst Energie ist.

Wie dies gemeint ist, wird gleich erklärt.
Betrachten wir gemeinsam die ewige Unendlichkeit und gleichen wir das, was wir sehen, mit der Urknallthese und meiner eigenen These ab.
Ich bin der Ansicht, dass das, was tatsächlich beobachtet wird, einen weitaus höheren Stellenwert bezüglich der Wahrheitsfindung hat, als niedergeschriebene Formelwerke. Formeln versuchen etwas zu beschreiben und/oder zu untermauern. Exakte Beobachtungen und deren ordentliche Analysen zeigen, was tatsächlich vor sich geht.
Erinnern Sie sich noch an das Beispiel mit der Nadel im Heuhaufen? Wenn alle den Trick erkannt hätten, dann hätte niemand im Heuhaufen nach der Nadel gesucht. Wir haben heute die Möglichkeiten, sehr gute Beobachtungen zu machen. Ich will diese dafür nutzen, um der Wahrheit ein Stückchen näher zu kommen. Beobachten wir nun und schlussfolgern wir gemeinsam.

Voids und Filamente:
Die Energieverteilung der sichtbaren Masse in der von uns überblickbaren Zone der ewigen Unendlichkeit ist sehr interessant. Wir sehen

nach unserem Verständnis von großen und kleinen Strukturen - **riesige Leerräume** - in der ewigen Unendlichkeit und diese sind stets von rahmenartigen Strukturen im dreidimensionalen Sinne umgeben. Die Leerräume werden Voids genannt und die rahmenartigen Massestrukturen bekamen den Namen Filamente. Voids sind jedoch nicht ganz leer. Es sind jedoch bezogen auf den großen galaktischem Maßstab keine relevanten Masseansammlungen in diesen Zonen enthalten. Filamente sind dazu im Gegensatz Ansammlungszonen von Galaxien, die ihrerseits wieder in Galaxienhaufen, Superhaufen und so weiter unterteilt werden. In einem riesigen Maßstab sieht die Masseverteilung so ähnlich aus, wie es das folgende Bild zeigt.

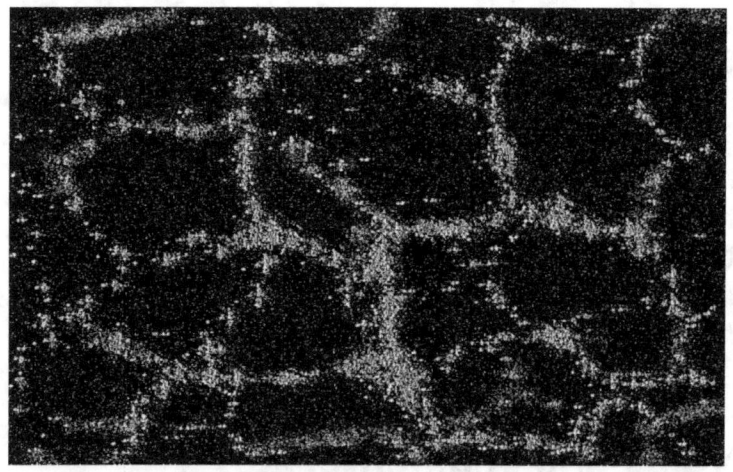

Die hellen Punkte und Strukturen stellen die Filamente dar. Sie bestehen aus Abermilliar-

den von Galaxien, die sich ihrerseits zu Galaxienhaufen strukturiert haben und diese wiederum Superhaufen und so weiter. Bis hin zu den langgestreckten „Fäden". Die dunklen Zonen sind die bereits erwähnten Voids welche sehr wenig Materie besitzen. Die Größen und Ansammlungsvolumen der Filamente sind sehr unterschiedlich. Was jedoch alle Filamentstrukturen gemeinsam haben ist, dass zwischen ihnen die Voids mit sehr wenig Materieansammlungen zu finden sind.
Anhand der Urknallthese lässt sich diese Strukturbildung keineswegs befriedigend erklären. Nach meiner persönlichen Meinung müsste die Strukturverteilung bei einem angenommenen Urknall heute ungefähr so aussehen:

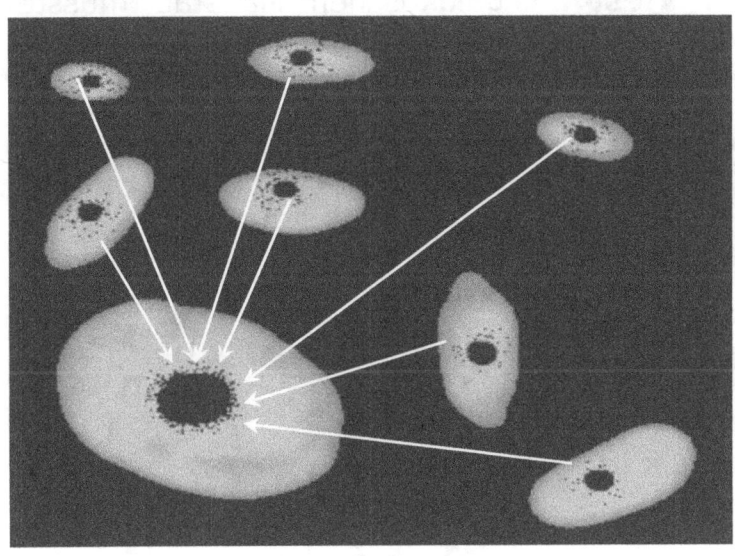

Das letzte Bild zeigt bereits verschiedene Galaxien<u>super</u>haufen in denen die Galaxien bereits miteinander zu einer riesigen Masseansammlung verschmolzen sind. In ihren Zentren ist jeweils ein supermassives Schwarzes Loch. Aus vielen verschmolzenen Einzelgalaxien hat sich somit jeweils eine gigantische Galaxie gebildet. Die gewaltigen Superansammlungen würden sich „anziehen" und letztendlich würden alle Riesenhaufen auf dem letzten Bild in den Galaxienhaufen mit der größten Gravitationswirkung unten links am Bild stürzen. Wir müssten heute also in relativ gleicher Verteilung die Bildung von riesigen Galaxienhaufen sehen, wenn von dem Urknallszenario mit der beschriebenen Inflationsphase der Masseentstehung ausgegangen wird.

Im **riesigen** galaktischen Maßstab müsste das Universum heute also laut Urknallthese so aussehen:

Die Materie müsste sich gleich verteilt haben und Riesengalaxien würden sich gleichberechtigt bilden. Danach müssten wir das sehen:

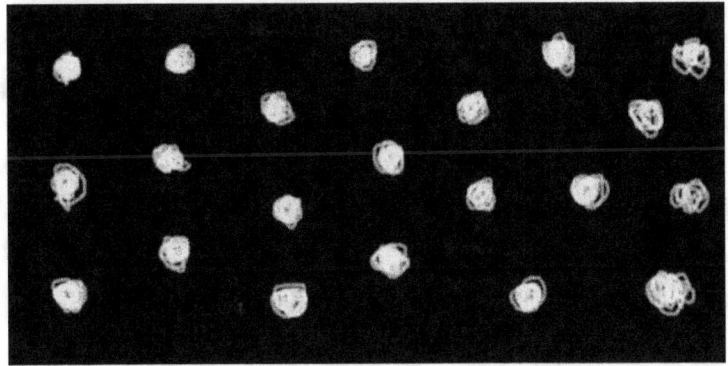

Die Galaxien hätten sich gleichberechtigt zu riesigen Supergalaxien durch die Gravitation verbunden und würden sich gegenseitig anziehen.
Nach diesem Szenario müssten sich diese Ansammlungen durch die Gravitation so strukturieren: Eine einzige Riesengalaxie.

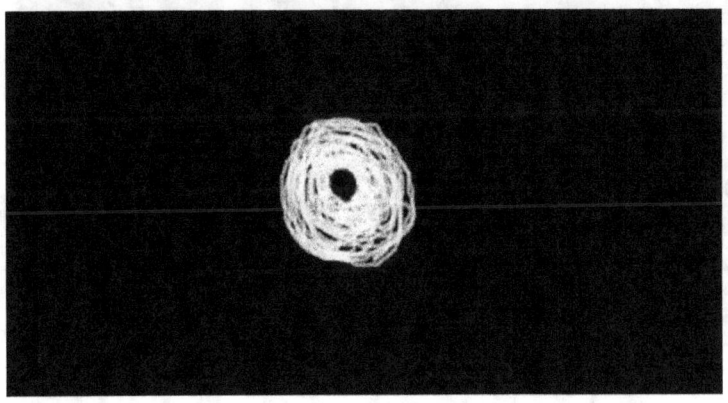

Alle Galaxien trieben aufeinander zu. Im Zentrum hätte sich ein gewaltiges Schwarzes Loch gebildet. Danach käme dann das:

Alle Materie wäre letztendlich in einem Schwarzen Loch konzentriert, wenn von einem Urknall ausgegangen wird. Es gäbe nach der Urknallthese jedoch dann auch keinen Raum und keine Zeit mehr. Wir sehen jedoch solche Strukturen:

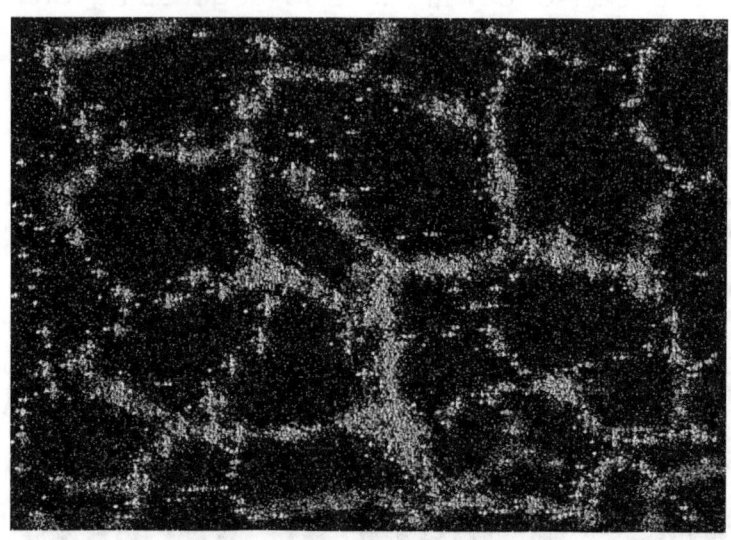

Nach der Urknallthese hat das, was wir tatsächlich sehen, keinen Sinn. Doch die seiende Natur richtet sich ganz offensichtlich nicht nach den Thesen, die so manche Erdenbewohner gern als Wahrheit annehmen würden.
Natürlich schreien jetzt die Urknallvertreter, dass die letzten Bilder völlig falsch seien und nur eines der möglichen Szenarien zeigen würden. Stimmt, ich gebe da jedem Schreihals absolut recht. Die beiden Szenarien, dass sich 1. alles ununterbrochen immer weiter voneinander entfernt, oder dass 2. alles irgendwann „räumlich" so bleibt wie es ist, habe ich nicht dargestellt, da ich es für Mumpitz halte.

**Die seiende Natur zeigt uns,
wie sie tatsächlich ist.
Die Kunst besteht darin, aus dem Gesehenen,
die richtigen logischen Schlüsse zu ziehen.**

Dass - und warum - ich eine Gesamtexpansion des Vakuums oder gar des Raums für falsch beurteile, habe ich logisch begründet und sehr ausführlich dargelegt. Ein Stillstand von ALLEM bezüglich Gravitationswirkung widerspräche nach meinem Verständnis der Logik, da sich alles im stetigen Wandel befindet und den Naturgesetzen unterworfen ist.
Darum stellte ich optisch nur die letzte noch bleibende Möglichkeit dar, welche wir heute

nach einem Urknall sehen müssten, wenn es einen solchen gegeben hätte. Doch das sehen wir nicht. Das ist für die Urknallverfechter einfach Pech und eine knallharte Tatsache.

Das, was wir sehen, passt dafür ganz genau zu meiner eigenen These, die ich nun zur Gegenüberstellung Schritt für Schritt ausführlich darlegen werde.

Ich empfehle denjenigen, die sich immer noch krampfhaft an der Urknallthese festklammern, eine Packung Taschentücher in greifbare Nähe zu legen, denn ich denke, dass einige Tränchen kullern werden. Abschied zu nehmen ist immer traurig.

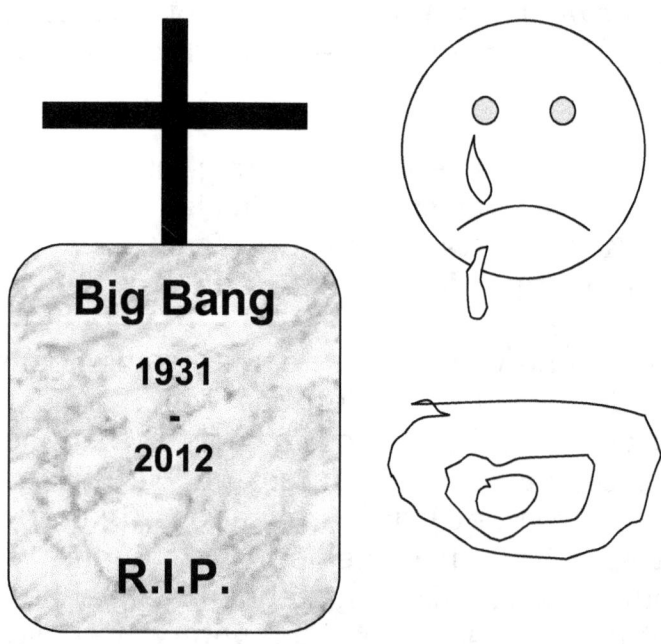

Zeit für Fakten:
Nach meiner These entstand alle Materie aus der Energie des Vakuums. Materie ist ein Aggregatszustand von Vakuumenergie.

Das Vakuum selbst ist anhand der ständigen Quantenfeldfluktuationen ständiger Veränderung unterworfen. Es ist somit unendlich dynamisch und aus sich selbst heraus unendliche Ursache und Wirkung. Alles ist seiend. Leere und Raum sind fiktive Gedanken, die nur zum Verständnis von Prozessen benötigt werden. Das Vakuum ersetzt den Raumbegriff vollständig. Das Vakuum ist selbst unendliche und ewige Energie, die sich nach Gesetzmäßigkeit wandeln kann. Aus diesen Gesetzmäßigkeiten entstand in der für uns überblickbaren Zone alles, was wir heute kennen und natürlich auch das, was wir noch nicht kennen. Das Vakuum ist schöpferischer Natur. Es ist Mutter und Vater aller Erscheinungsformen.

Wenn ich nun selbst ein Kontra gegen meine These bringen wollte, dann würde ich sofort sagen:

„*Es kann heute nicht beobachtet werden, dass aus dem Vakuum beständige Materie in unserem Sinne entsteht.*"

Wäre mir dazu keine logische Erklärung eingefallen, dann hätte ich auch meine These in die Tonne treten und gemeinsam mit dem Big Bang beerdigen müssen.
Warum sehen wir heute nicht, dass aus dem Vakuum Materie in unserem Sinne entsteht?

***Ganz einfach, weil sie bereits in großem Umfang entstanden ist, darum!
Wir befinden uns in einem Entwicklungsstadium in der für uns überblickbaren Zone der Unendlichkeit, in der das Vakuum bereits diesen Prozess vollendet hat.***

Die Materie ist da, wir können sie sehen und wahrnehmen.
Die Energie, welche das Vakuum in der von uns überblickbaren Zone heute nicht mehr besitzt, um konstante Teilchen zu erzeugen, hat es für die Teilchenerzeugung bereits verwendet (Energieumwandlung). Die gesamte ewige Unendlichkeit befindet sich in einem ständigen Prozess des Waberns und des Wandels, wie bereits erwähnt.

Dass das Vakuum ständig Teilchen erzeugt, ist heute noch so. Diese sehr kurzlebigen Teilchen sind wegen der mangelnden Vakuumenergie weit überwiegend nicht mehr in der Lage, langfristig als Teilchen existent zu bleiben. Diese Energie wurde bereits zur Materieerzeugung verwendet.

Die ursprüngliche Vakuumdichte (Energiedichte) hat sich durch die Materieerzeugung ausgedünnt.

Und genau diesen Stand haben wir heute in der für uns überblickbaren Zone der ewigen Unendlichkeit. Das einfachste Element, das gebildet werden kann, ist Wasserstoff. Ein Proton und ein Elektron. Dass sich dieses Element zuerst aus dem Vakuum gebildet hat, ist somit logisch, da es für dieses Element die wenigsten physikalischen Voraussetzungen benötigt. Wenn eine Vakuumzone der ewigen Unendlichkeit also eine gewisse Dichte hat, wird Wasserstoff durch die vorhergegangenen Prozesse zuerst gebildet. Durch die Quantentheorie lässt sich dieser Prozess anhand der Fluktuationen eindeutig herleiten. Dass Wasserstoff somit zuerst gebildet wird, ist eine logische Konsequenz bezüglich der Komplexität in der Reaktionskette.

Das, was bislang als das Standartmodell der Astronomie bezeichnet wird, ist somit bezüglich der Materieentstehung und deren Reihenfolge keineswegs gänzlich falsch. Doch der Auslöser für die beschrieben Prozesse der Materieentwicklung ist das unendliche und ewig existente Vakuum selbst und kein mysteriöser Urknall aus einem philosophischen Nichts, der aus einer Singularität überall gleichzeitig mit der Entwicklung des Universums begann und sich in ungezählten Punkten

jedweder Logik entzieht.
Ich gehe davon aus, dass das Vakuum vor der Entwicklung des Wasserstoffs in der von uns überblickbaren Zone um den Faktor an Energie dichter war, welcher dem Faktor der umgewandelten Energie in Masse, Strahlung und so weiter entspricht.

Dieses energetisch sehr dichte Vakuum war durch die Quantenfeldfluktuationen in ständiger Bewegung und dadurch muss es zu Strömungen und Randzonen dieser Strömungen gekommen sein.

Es ist unabdingbar, dass es bei dem Aufeinandertreffen von solch geladenen Zonen zu einer heftigen Reaktion und Entladung kam.

Wichtig:
Ich will an dieser Stelle nochmals betonen, dass bei meiner These nur Materie und keine Antimaterie gebildet wurde. Da Materie in meiner These ein direkter Aggregatzustand des Vakuums ist, findet kein Energiegewinn und kein Energieverlust statt. Wir sehen heute, dass Materie da ist. Antimaterie finden wir nicht in dem Ausmaß, wie sie vorhanden sein müsste. Besser gesagt, wie finden **so gut wie keine** Antimaterie. **Materie ist selbst polarisiert.** Nur allen der Fakt, dass Antimaterie durch Prozesse in der bereits physischen Welt entstehen kann bedeutet zu keinem Prozent, dass sie als Ausgangsbasis mitentstanden ist!

Ewige Unendlichkeit ist zudem kein begrenztes System, auch wenn es andere Leute so definieren würden. Etwas, das in jedwede Richtung unendlich ist, kann nicht als geschlossen bezeichnet werden.

Die folgende Abbildung zeigt, wie hochenergetische Vakuumrandzonen (weiß) im dynamischen und wabernden Vakuum mit seinen ständigen Quantenfeldfluktuationen in etwa aussehen würden, wenn sich solche Zonen an den Randbereichen begegnen würden. Ich meine mit „Randbereichen" solche Bereiche, wo sich Vakuumzonen mit extrem hoher Energiedichte begegnen.

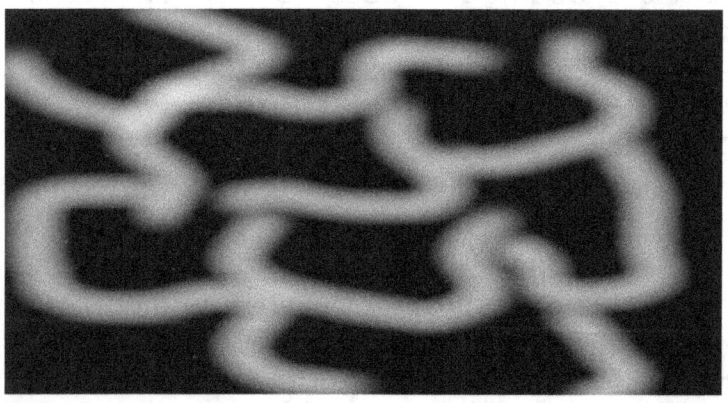

Dort, wo diese Zonen aufeinander träfen, würden sich die gewaltigen Energiemassen zusammenballen. Die Energieansammlungen würden miteinander reagieren und die Erzeugung von stabiler Materie wäre hier gegeben, da enorme Energiemengen für diesen Prozess in konzentrierter Form in diesen

Bereichen vorhanden wären. In diesen Randzonen würde sich dann, wie bereits erwähnt, nach den Entwicklungsprozessen über Quarks und so weiter als erstes Element Wasserstoff und eventuell geringe Mengen von Deuterium bilden. Ich kann und will jedoch nicht ausschließen, dass sich - in prozentual stetig abnehmender Wahrscheinlichkeit - auch ein paar der nächsthöheren Elemente wie Helium und Lithium und so weiter bereits bildeten.

Nun könnte sich der Prozess wie im üblichen Standartmodell der Physik (Primordiale Nukleosynthese), das ich bereits beschrieb, weiter entwickeln. Wenn sich zuerst die riesigen Wasserstoffsterne gebildet haben, wovon ich logisch hergeleitet ausgehe, dann hätte es nach der Materieentstehung vorerst nur riesige massereiche Sterne geben, die extrem heiß gewesen wären.

Der Wasserstoff hätte sich dadurch ausgedünnt und in den zentralen Zonen wäre kaum noch Materie vorhanden gewesen.

Dies ergäbe sich dann das folgende Bild:

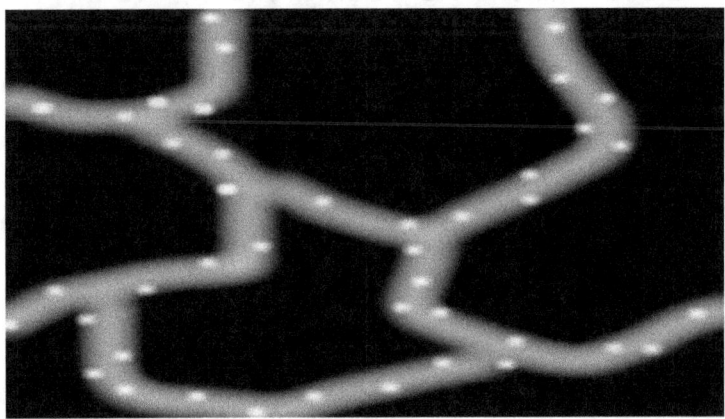

Nach der Zeitepoche der Riesensterne (Hyperriesen, Überriesen und so weiter) wäre der Wasserstoff ein wenig ausgedünnt und die Riesensterne würden nach ihrer Lebensdauer zu Schwarzen Löchern kollabieren. Weitere schwere Elemente entstehen.

Dass sich in der Phase der Wasserstoffausdünnung durch die Bildung von Riesensternen, die dann zu Schwarzen Löchern kollabierten, bereits auch eine große Anzahl von kleineren Sternen gebildet hat, ist von daher anzunehmen, da noch Unmengen von Wasserstoff vorhanden waren.

Die Bildung von Sternkugelhaufen ist in etwas ausgedünnten Regionen ebenfalls gut vorstellbar.

Es spricht vieles für diese Reihenfolge, da in den bislang bekannten Kugelhaufen noch kein sehr massereiches zentrales Schwarzes Loch in einem Kugelhaufenzentrum entdeckt wurde. Jedoch in den Galaxien!

Dies lässt annehmen, dass sich extrem massereiche Sterne nur dann bilden, wenn im Zeitrahmen ihrer Entstehung eine bestimmte Wasserstoffkonzentration vorhanden ist.

Bei der Bildung der Sterne von Kugelhaufen muss dann eine dünnere Wasserstoffkonzentration dafür gesorgt haben, dass keine derartig massereichen Sterne mehr entstehen konnten, welche zu extrem massereichen Schwarzen Löchern kollabieren.

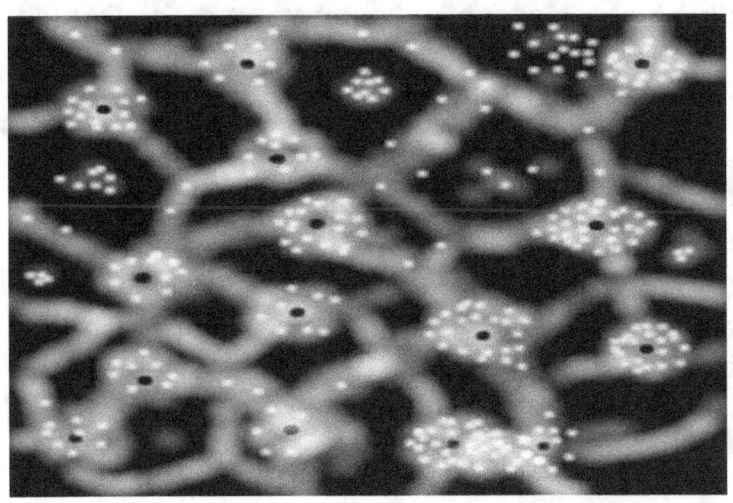

Die Abbildung oben zeigt, dass bereits Schwarze Löcher, Ansätze von Galaxien, kleinere Sterne und Sternhaufen entstanden sind. Voids und Filamente beginnen nach und nach ihre Struktur zu bilden. Ich hoffe, dass Sie anhand der Bilder wenigstens ungefähr verstehen, was ich damit zum Ausdruck bringen will.
Demnach müssten heute einzelne Sterne und Kugelhaufen zu finden sein, die etwa zur selben Zeit entstanden, wie die ersten Schwarzen Löcher und die ersten Galaxiestrukturen. Diese extrem alten Sterne in Kugelhaufen gibt es und mit der Urknallthese sind sie nicht kompatibel. Ebenso gibt es Sterne, die bereits viel mehr schwere Ele-

mente enthalten, als sie es nach der Urknallthese dürften. Auch die entdeckten Gravitationslinsen im All sind ausgezeichnet durch dichtere Vakuumszonen zu erklären, die durch Massen gekrümmt werden. Dunkle Materie wird dafür nicht mehr benötigt!

Die von mir genannten 1.400 Galaxienhaufen, die sich nach der Urknallthese alle in die falsche Richtung bewegen, können durch meine These erklärt werden. Dass dichte Vakuumströmungen bereits in der Entstehungsphase der Nebel große Massen beschleunigten ist ein Muss in meiner These. Und ich sage vorher, dass noch mehr Sichtungen dieser Art gemacht werden.

Auch, dass es heute noch Wasserstoffansammlungen im All gibt, die sich in einem Entwicklungsstadium befinden, in dem sie längst nicht mehr sein dürften, lässt sich durch meine These ebenfalls hervorragend erklären. Nach meiner These ist es durchaus möglich, dass auch jetzt noch neuer Wasserstoff entsteht oder erst vor wenigen Millionen oder Milliarden von Jahren entstanden ist.

Auch die extrem hohe Masse an vermutetem interstellarem Wasserstoff ließe sich von meiner These sehr gut herleiten.

Das folgende Kapitel widme ich einer weiteren Entdeckungen, die als einer der Hauptbeweise für die Urknallthese gilt. Ich habe sie ganz bewusst bis zum Schluss aufgehoben, damit sie beim abschließenden

Vergleich zwischen dem Urknall und meiner These noch frisch in Ihrem Gedächtnis ist.

Kapitel 12

Die kosmische 3K Hintergrundstrahlung:

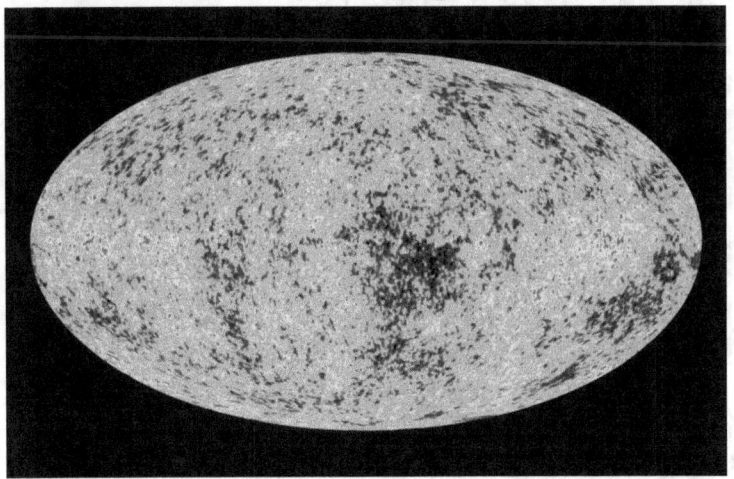

Quelle: http://www.nasaimages.org/luna/servlet/view/search?'

Das Bild der Raumsonde WMAP (**W**ilkinson **M**icrowave **A**nisotropy **P**robe) zeigt die Temperaturunterschiede der sogenannten „Kosmischen Hintergrundstrahlung" (Mikrowellenstrahlung). Es ist darauf **das gesamte von uns überblickbare Himmelsspektrum** in einer frühen Phase zu sehen. Die dunklen Bereiche zeigen kältere Zonen, die hellen wärmere.

Was dort zu sehen ist, ist also ein nach unserer Empfindung gewaltiges Spektrum des Vakuums mit seinen Temperaturunterschieden, so wie ich es benennen würde.

Die dargestellten Temperaturschwankungen sollen in bezug auf die Urknallthese die Materieverteilung im All vor ca. 13.699.620.000 Jahren zur Zeit der Entkopplung von Strahlung und Materie darstellen.

In dieser Phase sollen sich Materie und Antimaterie zerstrahlt haben. Die heutige Kosmische Strahlung soll von diesem Prozess stammen.

Bei meiner These gab es keine Antimaterie. Die Strahlung kommt bei meinem Modell direkt von den enormen Energieentladungen beim Aufeinandertreffen von hochenergetischen Vakuumzonen.

Argumentiert wird nun so, dass die Temperaturunterschiede im großen Maßstab in den verschiedenen Zonen extrem gering sind und dass die Temperaturverteilung sehr homogen ist. Die Temperaturunterschiede sind tatsächlich sehr gering, doch sie sind vorhanden.

Homogenität bedeutet jedoch im physikalischen Sinne, **dass über die gesamte Ausdehnung eines Systems GLEICHHEIT herrscht.** Somit ist es keine Homogenität und die darf es nach meiner These auch nicht exakt geben.

Fakt ist, dass auf der Aufnahme des WMAP keine Gleichheit herrscht. Auch wenn die

Temperaturunterschiede nur Millionstel Grad ausmachen.
Über solch eine gigantische Zone des Vakuums würde es wohl eher seltsam erscheinen, wenn es gravierende Unterschiede in diesem gewaltigen Maßstab gäbe.

Das Schöne an diesem Ergebnis ist, dass es meine These optimal untermauert!

Da nach meinem Ansatz die Materie in dem für uns überblickbaren Bereich überall direkt aus dem Vakuum entstand, jedoch eben nicht absolut homogen, ist das ein wunderbares Indiz für meine These.
Die Schwankungen sind darauf zurück zu führen, dass bei der Materieentstehung durch das verdichtete Vakuum verschiedene Zonen vorhanden gewesen sein müssten, die sich früher durch die beschriebenen Prozesse in Materie wandelten und solche, die es später erst taten.
Bei meiner These gibt es nicht den Punkt Null, von dem ab sich alles aus einer völlig unsinnigen Singularität heraus entwickelt haben soll.
Dass sich solche Zonen wie auf dem Bild der WMAP Sonde zeigen, entspricht absolut mei-

ner Erwartung und es war eine meiner Vorhersagen.

Die Urknallfreunde behaupten sehr gern, dass die durchschnittliche Temperatur von 3K (tatsächlich 2,725 Kelvin im Mittelwert) schon lange vorhergesagt wurde. Wer die tatsächliche Geschichte dieser Vorhersagen kennt und mit den mehrfach angepassten und veränderten Werten vertraut ist, der weiß, dass dem nicht so ist. Es gab gewaltige Unterschiede bei den Vorhersagen und das darf nicht verschwiegen werden, um für etwas einen Rettungsversuch zu starten, das niemals stattgefunden hat. Damit meine ich den sogenannten Urknall!

Interessant ist es zudem, dass durch die Messungen der WMAP Sonde das Ergebnis ermittelt wurde, dass es ca. 4 % konventionelle Materie, 23 % sogenannte Dunkle Materie und 73 % sogenannte Dunkle Energie im überblickbaren Spektrum der ewigen Unendlichkeit gibt.

Da ich jedoch die sogenannten dunklen Anteile nicht so akzeptiere, wie sie dargelegt werden, bleibt somit ein großer prozentualer Anteil für meine These übrig.

Dunkle Materie entspräche nach meiner Ansicht den noch wenigen dichteren energiereicheren Vakuumszonen in dem von uns überblickbaren Bereich, plus all den Faktoren wie Massen, die für uns kein sichtbares

Licht ausstrahlen oder reflektieren und dazu kommt der molekulare Wasserstoff (H2), der so gut wie durchsichtig ist.

Die Dunkle Energie entspräche dem bereits ausgedünnten Vakuum, das jedoch in unendlicher „Menge" und unterschiedlicher Energiedichte vorhanden ist.

Nun bitte gut aufpassen:
Nach der Urknallthese mit der Raumexpansion war das All zu dieser Zeit (380.000 Jahre nach dem Urknall) noch viel kleiner, als es heute nach dieser These sein soll.

Nun wurde geschlussfolgert, dass, wenn sich der Raum ausdehnt, sich die Temperatur senken müsste.

Klare Sache, das wäre so, wenn all der andere Mumpitz auch nur annähernd einen Sinn ergäbe.

Ja, wenn.

Wie sieht das bei meiner These aus? Sehr gut!

Es ist eine physikalische Gesetzmäßigkeit, dass sich auch bei meinem Modell eine Temperatursenkung ergeben hätte. Jedoch nicht so, wie bei der fiktiven Urknallthese durch eine Raumexpansion, sondern bei meiner These ist das Vakuum bereits unendlich und ewig da. Da kann sich die Strahlung bereits – seit dem Beginn der Materieentstehung an den hochenergetischen Randzonen - sehr gleichmäßig verteilen und das von jeder Vakuumszone in jedwede andere. Dass somit eine sehr ausgeglichene Temperatur, mit jedoch geringsten Unterschieden, zu messen ist, entspricht exakt meinem Modell, wenn die Größenordnung der beobachtbaren Vakuumzone und die Zeit von der Zonenverdichtung des Vakuums mit eingerechnet wird.

Ich könnte nun sagen: „Ausgezeichnete Arbeit, Ende und Schluss."

Interessant ist es jedoch, wie sich das All nach meiner These weiter entwickeln würde und warum es heute so sein kann, wie es ist. Ich will Ihnen somit auch die Weiterentwicklung und Vorhersagen meiner These vorstellen und später die Urknallthese meiner These gegenüberstellen.

Kapitel 13

Der Kreislauf des Alls und die Vorhersagen der ens – These:

Die erste meiner zukunftsbezogenen Vorhersagen ist, dass nachgewiesen wird, dass sich das Vakuum verdichten und ausdünnen kann. Ab einer bestimmten Energiedichte wird beobachtet werden, dass aus den sogenannten kurzlebigen Virtuellen - Teilchen durch die Übergansprozesse Materie in unserem Sinne entsteht.

Betrachen wir nochmals das Beispiel mit dem Würfel:

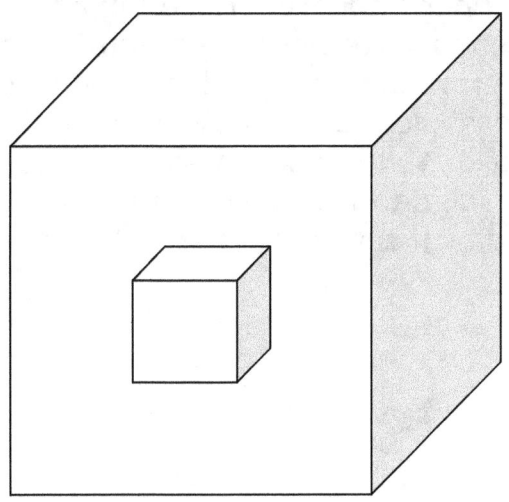

Stellen Sie sich vor, dass in das Vakuum des großen Würfels viele Milliarden von kleinen Würfeln hineingebeamt werden. Diese besitzen ebenfalls im Innenbereich ein Vakuum Das Vakuum der kleinen Würfel bleibt in dem großen Würfel zurück und nur die Ummantelungen der kleinen Würfel werden wieder herausgebeamt.
Die Vakuumsdichte in dem großen Würfel würde sich extrem erhöhen, da Vakuum etwas ist, das Fluktuationen und Virtuelle - Teilchen erzeugt. Da es durch die höhere Vakuumdichte zu wesentlich mehr Fluktuationen kommen muss und somit im selben Volumen das Zigfache an Energie vorhanden ist, wäre ab einer bestimmten Dichte genügend Energie vorhanden, um die kurzlebigen sogenannten Virtuellen – Teilchen zu langlebigen zu transformieren. Beim Aufeinandertreffen solcher Zonen würde sich die Dichte zudem noch enorm erhöhen. Bei den folgenden quantenmechanischen Ereignissen ist wiederum die Reihenfolge zu berücksichtigen, dass sich die masseärmsten Teilchen zuerst bilden werden und so weiter. Ich hoffe, dass ich den Nachweis dafür noch erleben werde, da ich sehr gespannt darauf bin.

Die zweite meiner zukunftsbezogenen Vorhersagen ist, dass weitere sogenannte Dunkle - Strömungen entdeckt werden. So, wie jene, mit den bereits genannten 1.400 Galaxienhaufen, die sich alle in eine Richtung bewegen, aus der sie laut der Urknallthese jedoch kommen müssten.

Die dritte meiner zukunftsbezogenen Vorhersagen ist, dass weit entfernte Galaxien entdeckt werden, die sich noch in einem derartig frühen Entwicklungsstadium befinden, das sie nach der Urknallthese längst hinter sich haben müssten.
Dies sage ich aus dem Grund vorher, da ich davon überzeugt bin, dass die Galaxienentstehungen in ganz verschiedenen Vakuumzonen **nicht relativ zueinander gesehen etwa gleichzeitig begannen**, was nach der Urknallthese jedoch in den einzelnen Zeitstadien so gewesen sein müsste, da nach dieser These alles überall gleichzeitig zu beinahe identischen Bedingungen seine Entwicklung begann.
Bei meiner These war schon immer alles da und unendliche Prozesse führten zu unzähligen Ursache und Wirkungsketten, die letztendlich einen Kreislauf bilden. Das ist ein wesentlicher Unterschied zur Urknallthese, die nur eine einzige Ursache für den Entwicklungsbeginn von ALLEM erzwingen will.
Verschiedene Stränge von Ursachen und Wir-

kungen bewirken jedoch ganz verschiedene Zeiteffekte. Wie ich dies meine, werde ich im vorletzten Kapitel dieses Buches noch exakt definieren. Ich garantiere Ihnen schon jetzt, dass Sie danach Zeit nicht nur verstehen-, sondern aus einer ganz neuen Ansicht betrachten werden.

Die vierte meiner zukunftsbezogenen Vorhersagen ist, dass Galaxien entdeckt werden, die sich bereits in einem Entwicklungsstadium befinden, das sie nach der Urknallthese noch gar nicht erreicht haben dürften.
Die Begründung dieser Annahme beruft sich aus die selbe Aussage wie bei der dritten Vorhersage.

Um die fünfte meiner zukünftigen Vorhersagen darzustellen, muss ich etwas ausholen.
Ich muss dazu nochmals auf die Minimal- und Maximalgrößen eingehen, die wir beobachten können.
Wir wissen, dass Sterne bestimmte Prozesse durchlaufen.
Es gibt somit bestimmte Gesetzmäßigkeiten, welche die Lebensdauer und das Endstadium eines Sterns, abhängig von seiner Ausgangsmasse, festlegen. Je größer die Masse desto kürzer die Lebensdauer und desto kompakter werden die Endresultate nach dem Prozess, wenn der Stern kollabiert und explodiert ist. Die Restmassen werden also

bei bestimmten Ausgangsmassen extrem „zusammengepresst, dicht und massiv um es allgemeinverständlich zu beschreiben. Ab einer bestimmten Ausgangsmasse entstehen im Endstadium jene Phänomene, die als Schwarze Löcher bezeichnet werden.

Auch, wenn viele Wissenschaftler von Schwarzen Löchern so sprechen, als ob sie eines in der Hosentasche hätten, ist es keineswegs so, dass diese Phänomene vollständig verstanden sind und so erklärt werden können, dass bei der Erklärung von der Wahrheit gesprochen werden könnte. Ganz im Gegenteil.

Der Werdegang von Materie zu den Schwarzen Löchern ist weitgehend sehr gut bekannt, doch das, was sie tatsächlich sind, ist nur formell hergeleitet und theoretisch beschrieben worden.

Da ich von **ewiger Unendlichkeit** durch logische Überlegungen absolut überzeugt bin, stellen sich diesbezüglich wesentliche Frage.

Warum gibt es heute nicht überall nur noch Schwarze Löcher, die sich entweder gegenseitig fressen wenn alles bereits ewig existierte?

Diesen Gedanken hatte ich bereits im Januar 2004, als ich begann, meine These auf Konzept zu strukturieren. Beinahe hätte ich meine Arbeit wegen dieser Frage abgebrochen. Doch dann kam mir der zündende Gedanke.

Wenn das Vakuum fähig ist, Materie als Aggregatzustände in Folge von Kettenreaktionen aus sich heraus entstehen zu lassen, dann müsste es nach der Polarisationstheorie auch den Umkehreffekt geben, dass Materieenergie wieder zu Vakuumenergie wird.

Ich denke, dass Schwarze Löcher kein Endstadium sind, sondern ein Tor für Materie bezüglich der Transformation zurück zur Vakuumenergie.

In der Physik gibt es schon lange das Problem, dass nach den allgemeingültigen Erkenntnissen in Schwarzen Löchern Informationen verloren gehen müssten.
Es gab verschiedene Ansätze dazu, dieses Problem zu lösen, da Informationen nicht verloren gehen können, sondern sich lediglich umwandeln, so wie Energie ebenfalls. Eine allgemein akzeptierte Lösung gab es bis dato jedoch dazu noch nicht.

Ich werde darlegen, dass

Informationen tatsächlich nicht verloren gehen.

Ich kann mit den beschreibenden Formeln bezüglich der Auswirkungen und angenommenen Eigenschaften von Schwarzen Löchern nichts mehr anfangen, da sie sich auf Krümmungen der Raumzeit und andere Phänomene beziehen, denen ich nicht zustimme. Ich werde mich somit nicht dazu verleiten lassen, den theoretisch möglichen Schlussfolgerunge von Albert Einseins Allgemeiner Relativitätstheorie zu folgen, nur weil dieser von mir ehrlich sehr geschätzte Mensch anderweitig brillante Ideen hatte. Nein, ich habe selbst nachgedacht und kam auf ganz andere Ideen.

Raum gibt es bei meiner These nur noch als Begriff. Für mich ist das All ein ewiges und unendliches Vakuum, das durch seine Quantenfeldfluktuationen Ursache und Wirkung zugleich ist und durch Umwandlung seiner Selbst im Rahmen von Gesetzmäßigkeiten jedwede Erscheinungsformen erschafft, umwandelt und so weiter. Logisch daher abgeleitet ist bei meiner These ein Schwarzes Loch kein vom All getrenntes fiktives Etwas, keine Singularität von unendlicher Dichte sondern es ist ein untrennbarer Teil der ewigen Unendlichkeit mit seinerseits eigenen Aggregatseigenschaften, die sich von den

Gesetzmäßigkeiten des Vakuums herleiten lassen. Somit können in einem Schwarzen Loch keine Informationen verloren gehen, da sie ein untrennbarer Teil der ewigen Unendlichkeit sind.

Wie ich bereits schrieb, erachte ich Schwarze Löcher als die Umwandlungstore der Materie zurück zum Vakuum. Quasi Rückwandlungsstationen von höherentwickelten Aggregatszuständen zurück zum Vakuumzustand.

Folgend werde ich genauer erklären, wie dies gemeint ist.

Wie kann sich Materie in Vakuumenergie zurück transformieren?

Genau genommen ist Materie in unserem Sinne bereits Vakuumenergie. Sie hat nur einen anderen Aggregatzustand. Sie ist nur stabiler, als die sogenannten Virtuellen – Teilchen. Diese Stabilität wurde durch Energiezufuhr und Verbindungsprozesse erreicht.

Wenn dies wieder rückgängig gemacht werden soll, dann müssen die Verbindungsprozesse aufgebrochen- und die

Energie müsste den jeweiligen Teilchen weitgehend entzogen und umgewandelt werden.

Betrachten wir nun aktive Schwarze Löcher, die gerade Materie „verschlingen".
Zu sehen ist auf dem nächsten Bild, wie aus dem Zentrum der Galaxie rechts unten zwei lange dünne Strahlenzonen entweichen. Diese Strahlen werden Gammastrahlenblitze oder auch Gammastrahlenexplosionen genannt. Der Fachbegriff in der Szene ist Gamma-Ray-Bursts. Kurz: GRB
Die Ursache dafür ist noch nicht geklärt. Viele sprechen anstatt von Gammastrahlung auch von Röntgenstrahlung, da sich die Energiebereiche von natürlicher Gamma- und Röntgenstrahlung überschneiden. Die Dauer dieser Blitze und Explosionen kann sehr unterschiedlich sein und liegt nach bisherigen Beobachtungen im Bereich von Millisekunden bis hin zu mehreren Wochen.

Bildquelle: http://www.nasaimages.org/
Zwischen den weißen Pfeilen sind zwei Gammastrahlenbereiche zu sehen, die aus dem Zentrum der Galaxie wie eine Achse herausschießen.

In dem Zentrum der Galaxie ist ein Schwarzes Loch gerade aktiv beim „Verschlingen" von Materie.

Die Lage der Gammastrahlenachse lässt die folgenden Vermutungen zu:

Das Schwarze Loch im Zentrum scheint eine Art von Äquator zu besitzen, um den sich die Materie der Galaxie angesammelt hat. Ebenso hat es den Anschein, als ob das Schwarze Loch zwei Pole besäße, von denen die Gammastrahlen axial ausgesendet/abgestrahlt werden. Das lässt nach meiner Meinung auf ein annähernd rundes oder elliptisches Gebilde von enormen Ausmaß schließen und nicht auf eine Punktsingularität.

Genau betrachtet erscheint es so, als ob zuerst ein Schwarzes Loch vorhanden sein muss, damit sich eine Galaxie bilden kann. Das Schwarze Loch zieht dann Materie nach und nach an und erzeugt durch seine Eigen-

rotation Spiralarme. Das ergibt nach bekannten physikalischen Gesetzen alles einen Sinn. Und es ist absolut kompatibel mit meiner These.
Betrachten wir nun diese gewaltigen Schwarze Löcher genauer. Da ich gern praktisch nachvollziehbare Denkbeispiele gebe, will ich auch in diesem Fall dabei bleiben. Wenn sich so ein Monster enorm schnell dreht und Massen anzieht, die in dem Bereich liegen, dass sie angezogen werden können, dann müssten diese Massen in ihre Bestandteile zerrissen werden, wobei extrem viel Energie frei wird.
Genau das sehen wir.
Wir sehen die freigewordene Energie in Form von Strahlung und im Zentrum sehen wir **nichts.** Dies deutet für mich genau darauf hin, dass bei diesem Prozess Materie wieder zu dem wird, was wir als Vakuum bezeichnen. Die enorme freigesetzte Energie ist dabei ein Nebenprodukt durch das Auflösen der Bindungsenergie. Die Energie, die den sogenannten Virtuellen – Teilchen dazu verhalf, dass sie zu langlebigen Teilchen wurden, wird ihnen hier wieder genommen und sie verfallen in ihren Urzustand zurück und das Ergebnis ist die Zerstrahlung dieser Teilchen. Das Vakuum selbst würde sich dadurch wieder nach und nach verdichten. Schwarze Löcher wären somit die angekündigten Umwandlungsstätten von Materie zurück zum Vakuum.

Somit bestünde ein wunderbarer Kreislauf im All, der sich seit unendlicher Ewigkeit wiederholen kann und wird. Dass dabei zonenbezogen eben keine absolute Gleichheit herrscht, ergibt sich durch die Gesetzmäßigkeiten der Unvorhersehbarkeit in komplexen Systemen nach der Chaostheorie und das, was wir sehen, ist ebenfalls mit der Quantenmechanik und meiner These völlig im Einklang.

Abschließend möchte ich in diesem Kapitel noch etwas theoretisch herumblödeln. Ich habe da eine fixe Idee, die Sie jedoch bitte nicht all zu ernst nehmen sollten, da es bislang nur eine Idee ist
Ich habe einen etwas versponnen Ansatz dafür, was Schwarze Löcher noch sein könnten. Ich habe mich lange Zeit mit Druckphänomenen und Wirbelphysik beschäftigt und dabei kam mir die Idee, dass Schwarze Löcher auch extrem schnellrotierende Vakuumwirbel mit einem Energieunterdruck sein könnten. Diese Vorstellung entspräche noch am ehesten dem, was nach den Formelumstellungen von Albert Einsteins Allgemeiner Relativitätstheorie heraus käme. Jedoch in einem anderem Zusammenhang

Der Weg dahin:
Bei der Implosion und Explosion von extremen Massen werden bis zu einer bestimmten

Ausgangsmasse die Endresultate in der ehemaligen Kernregion immer dichter.

Was wäre nun, wenn die letztendliche Explosion einer Hypernova so enorm wäre, dass sie aus dem Zentrum alles herausschleudern würde und somit eine Vakuumkugel mit einem enormen Energieunterdruck zurück ließe? Ich will erklären, wie ich das meine. Durch die Explosion würde bis auf den auf Gesetzmäßigkeiten beruhenden möglichen Minimalrest an Vakuumenergie alles aus dem Zentrum geschleudert.

Es wäre quasi eine Vakuumkugel, in der das absolute Minimalniveau an Energie herrscht. Um diese Kugel wäre die unendliche Energie der ewigen Unendlichkeit.
Nun kommt der absolut spekulative Teil dieses Kerngedankens. Gut, zugegeben, der bisherige Vorspann war wie vorgewarnt auch keineswegs wissenschaftlich.
Nach bekannten physikalischen Gesetzen würde dieser Unterdruck nun automatisiert versuchen, einen Druckausgleich zu schaffen. Dabei könnte die Vakuumblase dadurch derartig in Rotation geraten, da sie nach verschiedenen Seiten zu „saugen" begänne und dabei nicht überall die selbe Umgebungsdichte vorfände, was sie in Rotation versetzen würde und dies zunehmend.
Folgend würde sie wie ein überdimensionaler rotierender Staubsauger alles anziehen. Letztendlich käme wegen der enormen Rotationsgeschwindigkeit kaum etwas ins Innere der Kugel. Wie bei jedwedem anderen Wirbel würde sich eine „Haut" (Skin) zwischen den beiden verschiedenen Druckzonen bilden. Es gäbe eine Rotationsachse und zwei Pole. Herangesaugte Energie/Materie würde an dieser Haut zerrissen werden und in beide Richtungen der Rotationsachse über die Pole als Strahlung abgegeben werden, wobei wahrscheinlich nur eine minimale Energiemenge in reinster Vakuumform die Haut durchdringen könnte. Es würde somit enorm

lange dauern, bis es einen Druckausgleich in der Kugel gäbe, welche die Rotationsgeschwindigkeit nach und nach verlangsamen- und letztendlich zum Stillstand führen würde. Dies hätte dann drastische Auswirkungen auf die Galaxienstruktur, da es im Zentrum immer weniger Sogwirkung gäbe, welche die Strukturen in der bisherigen Form binden würde. Demnach müssten Galaxien zu finden sein, die ihre Strukturen dann auflösen würden, wenn im Zentrum der Druckausgleich bis zu einem gewissen Grad bereits stattgefunden hätte. Bislang ist mir keine solche Galaxie bekannt. Das hat jedoch nicht zu bedeuten, dass der Gedankenansatz ganz verkehrt ist.

Ja, ja, ich schmunzle ja auch, doch ein wenig herumspinnen gehört dazu, wenn neue Ideen angestoßen werden sollen.

Beachten Sie bitte, dass dies kein Teil meiner Kernthese ist, sondern einfach eine noch absolut unausgereifte Idee.

Im Prinzip wäre die „Gravitation" eines sogenannten Schwarzen Loches dann nichts anderes, als eine Sogwirkung des Vakuums selbst, um einen Energie – Druckausgleich zu schaffen. Diesen Gedanken will ich gern weiter spinnen.

Vielleicht brachte ich durch diese Reise in meine Hirnwindungen jemanden auf eine geniale Idee? Schön wäre das.

Im folgenden Kapitel stelle ich nun die Urknallthese meiner These gegenüber.

Kapitel 14

Urknall versus **ens** *- These:*

Folgend werde ich die Aussagen der Urknallthese mit der ens - These vergleichen.
Zuerst lesen Sie jeweils, was die Urknallthese aussagt, dann die entsprechende Aussage der ens - These in direkter Folge zu jedem Punkt.
Urteilen Sie bitte ganz realistisch, welche These unterm Strich besser abschneidet und plausibler erscheint. (Nach Ockhams Gesetz.)
Bitte nutzen Sie für Ihre Entscheidung das reale All als Gedankenlabor zur Findung Ihrer Antwort und keine Formelwerke auf einem Stück Papier.

Urknall:
Es gibt keinen Zeitpunkt vor dem Urknall.
ens - These:
Zeit gab es in der ewigen Unendlichkeit schon immer.

Urknall:
Die bekannten physikalischen Gesetze galten alle noch nicht und haben sich erst später aus einer mystischen Urkraft abgespalten.
ens - These:
Es gelten seit ewiger Unendlichkeit alle Gesetzmäßigkeiten.

Urknall:
Mit dem Urknall soll die Entwicklung des Alls aus einer Singularität heraus entstanden sein. Was der Auslöser dafür war, ist vollkommen unklar.

ens - These:
Existenz beweist, dass ein Anfang und ein Ende logisch begründet nicht möglich sind. Das All ist seiende Natur. Alles ist ein Kreislauf, der auf Gesetzmäßigkeiten beruht.

Urknall:
Der Urknall soll überall gleichzeitig entstanden sein. Er ist auch die Entwicklungsursache von Raum, Zeit und den physikalischen Gesetzen.

ens - These:
In der ens – These ist ersetzt das Vakuum den Raum entsprechend. Das Vakuum ist ewig und unendlich. Zeit und die physikalischen Gesetze gab es schon immer, sie entstanden nicht aus einer Singularität. Sie sind vielmehr der fundamentale Motor der ewigen Unendlichkeit.

Urknall:
Das Universum soll sich laut Urknallthese ausdehnen, obwohl es keinen „Raum" gäbe, in den hinein sich etwas ausdehnen könnte. Somit erschafft der Urknall „Raum", obwohl es dafür keinerlei logische Vorrausetzungen gibt, da die Urknallthese auch behauptet,

dass der Big Bang ÜBERALL GLEICHZEITIG stattfand. Etwas, das **Überall gleichzeitig ist** – lässt keine logische Möglichkeit für eine Expansion zu. Auch eine Expansion in Etwas, das nicht existiert, ist völlig sinnlos und widerspricht der Logik. Alle Erklärungsversuche dafür scheitern.

ens - These:
Bei ewiger Unendlichkeit existiert dieses gravierende und existenzielle Problem nicht, da es keinen Raum in dem Sinne mehr gibt. Zudem gibt es nach der ens – These **kein** begrenztes, beziehungsweise in sich geschlossenes Etwas.

Für die Rotverschiebung von Galaxien, die laut Urknallthese der Beweis für eine Raumexpansion sind, gibt es, wie dargelegt, zig andere logische Möglichkeiten als Ursachen.

Eine Expansion von Etwas kann jedoch durchaus in einer Zone von einem anderen Etwas stattfinden. Genau dies ist im All zu beobachten.

Bei der ens – These gibt es keine Gesamtexpansion.

Urknall:
Laut der Urknall – These driftet der „Raum" von jedwedem Punkt in jedwede Richtung auseinander. Somit müsste sich im großen galaktischen Maßstab **alles** gleichmäßig voneinander entfernen.

ens - These:
Es wurden bereits über 1.400 Galaxien<u>haufen</u> entdeckt, die sich in eine Richtung bewegen, aus der sie nach der Urknall – These kommen müssten! Das widerspricht der Urknallthese absolut und es unterstützt die ens – These zu 100 %.

Urknall:
Der Urknall selbst macht keinerlei Vorhersagen. Er wird nur als Augenblick des Entwicklungsbeginns benannt. Alles andere beruht auf darauf bezogenen Hypothesen, Thesen und Theorien, was die Weiterentwicklung des Alls von einem Urknall als Entwicklungsauslöser betrifft.

ens - These:
Die ens – These macht viele Vorhersagen, die im All bereits heute überprüfbar sind oder zukünftig sein werden. Sie benennt darüber hinaus als eigenen Bestandteil der These einen unendlichen und logischen Energiekreislauf in der ewigen Unendlichkeit.

Urknall:
Die Urknall – These kann die Masseverteilung im All nicht befriedigend erklären.

ens - These:
Bei der ens – These ist diese Art und Weise der Materieverteilung eine logische Konsequenz und stützt die These dadurch.

Urknall:
Die Urknallthese kann uralte Sterne in bestimmten Sternhaufen nicht erklären. Wegen solchen Beobachtungen musste der „Zeitpunkt" des Urknalls schon mehrfach korrigiert werden.

ens - These:
Bei der ens – These sind solche Beobachtungen unabdingbar und eine Vorraussetzung, für ihre Richtigkeit. Teile der Vorhersagen beziehen sich sogar auf noch extremere Sichtungen, die bislang noch nicht gemacht wurden, jedoch noch zu erwarten sind.

Urknall:
Alte Sterne, die bereits hohe Anteile an schweren Elementen aufweisen, kann die Urknallthese nicht erklären.

ens - These:
Durch die ens – These sind diese Beobachtungen eindeutig erklärbar.

Urknall:
Die Entstehung der Materie geschieht nach dem Urknall in verschiedenen Entwicklungsstadien.
Die heutige Materieverteilung widerspricht jedoch einem Urknallszenarium sehr deutlich.

ens - These:
Bei der ens – These wird die Materie durch die Umwandlung von kurzlebigen Virtuellen –

Teilchen, durch Energiezufuhr beim Zusammenstoß von extrem energiereichen Vakuumsrandregionen erzeugt. Die Weiterentwicklung ist mit dem üblichen Standartmodell „weitgehend" konform.
Die Strukturbildungen der Voids und Filamente belegen zudem die ens – These. Genau solche Strukturen sind bei den genannten Vakuumsprozessen zu erwarten. Nach der Urknallthese wirft diese Masseverteilung jedoch unlösbare Probleme auf. Für die ens – These ist exakt diese Darbietung der Masseverteilung ein Beweis für ihre Stimmigkeit.

Urknall:
Die Urknallthese geht davon aus, dass Materie und Anti-Materie zu exakt gleichen Teilen bestanden und sich gegenseitig zerstrahlten. Dass Materie übrig blieb, kann sie keineswegs annähernd befriedigend erklären und greift auf eine pure Spekulation zurück.

ens - These:
Bei der ens – These gibt es dieses Problem nicht, da nicht davon ausgegangen wird, dass Anti-Materie entstand.

Urknall:
Die 3K Mikrowellen - Hintergrundstrahlung wird gerne von einigen Wissenschaftlern als der absolute Beweis für den Urknall genannt. Sie soll eine Art von Nachglühen des Urknalls

sein. Der Wert dieser Strahlung wurde bezüglich des Urknalls mehrmals drastisch falsch vorhergesagt und dann bei neuen Entdeckungen entsprechend korrigiert. Dies wird jedoch sehr gerne geleugnet oder verschwiegen. Einige Urknallliebhaber greifen also zu unkoscheren Mitteln, um ihre – ach so liebgewonnene – These zu untermauern. Wenn das Wissenschaft sein soll, dann bin ich absolut froh, dass Kosmologie und Astronomie nur zwei meiner vielen Hobbys sind!

ens - These:
Für die 3K Hintergrundstrahlung könnte es auch noch ganz andere Gründe geben. Beispielsweise mannigfache Explosionen von Super- und Hypernovae. Ebenso die Materiezerstrahlung von Schwarzen Löchern zurück zur Vakuumenergie. Somit passt diese Strahlung zur ens – These ausgezeichnet, wenn die Materieentwicklung und Verteilung in dem von uns überblickbaren Teil der ewigen Unendlichkeit mit einbezogen wird.

Urknall:
Die Temperaturschwankungen im All beziehen einige Wissenschaftler auf die Materieentstehung und deren Verteilung. Es gibt jedoch eine große Anzahl von Wissenschaftlern, welche diese Schwankungen bezüglich der Masseverteilung jedoch sehr skeptisch betrachten, da einige Vakuumzonen zu beobachten sind, die mehr von den

Werten abweichen, als es erwartet wurde. Die Fürsprecher sagen dazu einfach, dass dies noch in einem angenehmen Toleranzrahmen läge. Ja, die Urknallbefürworter sind dabei immer sehr flexibel wenn es darum geht, ihre Lieblingsthese durch Toleranzerweiterungen irgendwie zu retten.

ens - These:
Für die ens – These sind diese Temperaturschwankungen überhaupt kein Problem, sondern ein notwendiges Indiz, weil dabei eben nicht von sehr hoher Homogenität im All ausgegangen werden kann, sondern nur von einem gewissen Grad. Somit ist dies eine weitere Bestätigung für die Richtigkeit der ens – These.

Urknall:
Beim Urknall bleibt Gott immer noch ein außenstehender Teil des Alls, was viele Fragen offen lässt. So zum Beispiel: Wo ist Gott dann, wenn er nicht im All ist? Oder: Was ist das, wo Gott ist und wer hat es erschaffen, wenn nicht Gott selbst? ...

ens - These:
Bei der ens – These ist die ewige Unendlichkeit selbst die kreative und ewige Schöpfungsmacht und somit Gott. Dieser Ansatz könnte alle Religionen untereinander vereinen und zudem alle Wissenschaften und Religionen.

Kapitel 15

Das ist Zeit und darum spielt Gott TA SAI:

Albert Einstein soll einst gesagt haben, dass für ihn Zeit das ist, was eine Uhr anzeigt. Ich kann mir nicht vorstellen, dass dies tatsächlich eine 1:1 Aussage von diesem genialen Menschen war. Der Grund dafür ist, dass er mit dieser Aussage absolut Unrecht gehabt hätte. Wenn eine Uhr etwas anzeigt, dann wird in diesem Augenblick die stillstehende Anzeige betrachtet. Stillstand kann jedoch niemals Zeit sein. Zeit findet durch Veränderung statt, niemals durch Stillstand. Stehende Zeiger auf einem Ziffernblatt zeigen ein Resultat an, jedoch keine Zeit.
Ich will Ihnen nun Schritt für Schritt nahe bringen, was Zeit **rein theoretisch** nach meinem Verständnis tatsächlich ist.

Lesen Sie sich die folgenden Ereignisbeispiele bitte sehr genau und am besten mehrmals nacheinander durch.

Tom und Uschi treffen sich nach Jahren.
Tom sagt: „Uschi, an dir scheint die Zeit spurlos vorübergegangen zu sein. Du hast dich überhaupt **nicht verändert**."

Uschi antwortet: „Danke für das Kompliment. Deine grauen Schläfen und deine neuen Falten machen dich jedoch sehr interessant. Diese **Veränderungen** machen dich noch attraktiver, als du bereits warst."

Monika und Robert treffen sich nach Jahren wieder. Robert ist der Meinung, dass Monika heute jünger aussieht, als bei dem letzten Treffen. Er sagt: „Bei Dir scheint die Zeit rückwärts **zu laufen**."

Ulf kommt nach vielen Jahren wieder in seinen Geburtsort zurück und stellt fest, dass sich beinahe nichts verändert hat.
Ulf sagt: „Hier scheint die Zeit fast **stehen geblieben** zu sein."

Rolf betrachtet das alte Auto von Ines, das an vielen Stellen sehr oxidiert ist.
Er sagt: „Daran hat der Zahn der Zeit ganz schön **genagt**."

Sabine und Hans haben sich verliebt. Hans ist jedoch bereits 55 Jahre und Sabine erst 19. In einem Gespräch sagt Hans: „Ich werde mich für dich **einfrieren** lassen und warten, bis du etwas älter geworden bist.

Was haben nun all diese Aussagen für einen gemeinsamen Hauptnenner?

Richtig! Wenn von Zeit gesprochen wird, dann wird sie auf Veränderung oder Nichtveränderung bezogen. Entweder etwas verändert sich, oder eben nicht. Veränderung betrachten wir als stattgefundene Zeit. Das ist zwar auf den ersten Blick nicht immer sofort zu erkennen, doch so bald ich nur minimal ums Eck denke wird klar, dass ohne Veränderung keine Zeit stattfindet. Ich schreibe bewusst nicht „vergeht".

Zeit findet statt, oder eben nicht.

Ist der Mensch eine Uhr? Ja!

Eines haben alle Uhren gemeinsam. Es ist das Element, das die Zeit „misst" und durch weitere Mechanismen zu einer Anzeige führt. Dieses Element ist in ständiger Bewegung oder erzeugt ständige Bewegung! Stoppt dieses Element, dann wird sich die Anzeige der Uhr nicht mehr verändern.
Bei einer Sand- oder Wasseruhr ist dieses sich bewegende Element meist sehr gut sichtbar. Bei einer rein mechanischen Uhr sind die Zahnräder oft noch durch ein Glasgehäuse zu sehen. Was uns als Betrachter

jedoch bezüglich der Zeit interessiert, ist die Stellung der verschiedenen Zeiger auf dem Ziffernblatt. Und nur dann, wenn diese sich kontinuierlich bewegen, wird stets **aktuell** die Zeit dieser Uhr angezeigt. Bei einer Uhr, deren Zeiger sich erst nach einer Minute bewegen und bei der kein Sekundenzeiger ohne Zwischenstop mitläuft, können Sie niemals exakt die Zeit dieser Uhr ablesen, da Sie den bewegten Innenteil nicht sehen. Wenn Sie nur kurz hinsähen und wenn in diesem Moment keine Bewegung stattfände, könnten Sie nicht wissen, ob die Uhr defekt ist, oder nicht.

Bei einer Atomuhr hingegen sehen wir das eigentliche Bewegungselement nicht. Wir erkennen nur die - durch komplexe Mechanismen dargestellten - Digitalzahlen auf der Anzeige. Hier gilt jedoch auch, dass Sie nur bei einer kontinuierlichen Bewegung mit Sicherheit sagen könnten, dass der Uhrmechanismus läuft. Allein die Anzeige von Zahlen sagt nicht aus, dass der Zeitmessmechanismus in Bewegung ist.

Das, was Galileo Galilei in anderem Zusammenhang einst sagte, stimmt auch hier.

Und sie bewegt sich doch!

Letztendlich nutzen wir die Bewegungen der Sterne, Planeten und des Mondes ebenfalls für Zeitangaben.

Betrachten wir nun die üblichen Formeln für Geschwindigkeit, Strecke und Zeit.

Da ich nicht voraussetzen kann, dass Sie die Formelzeichen kennen, werde ich hier eigene – verständliche Formelzeichen – verwenden.

G= Geschwindigkeit (normal V)
S= Strecke
Z= Zeit (normal T)

G   =S/Z
S   = G*Z
Z   =S/G

Geschwindigkeit berechnet sich so:
Eine Strecke wird durch die Zeit dividiert, in der die Strecke zurückgelegt wird.

Beispiel: 100 Meter dividiert durch 10 Sekunden ergibt eine Geschwindigkeit von 10 Meter pro Sekunde.

Die Strecke berechnet sich so:
Eine Strecke wird berechnet, indem die bekannte Geschwindigkeit von einem Etwas mit der Zeitdauer multipliziert wird, die sich dieses Etwas bewegt. Zeitdauer und Geschwindigkeit müssen somit bekannt sein.

Beispiel: Ein Auto fährt mit einer konstanten Geschwindigkeit von 100 Meter pro Sekunde. In dieser Geschwindigkeit fährt es konstant 10 Sekunden lang. Somit hat das Auto die 100 Meter 10 Mal in den 10 Sekunden zurückgelegt. Die zurückgelegte Strecke in 10 Sekunden wäre mit dieser Geschwindigkeit 1.000 Meter.

Die Zeit berechnet sich so:
Wenn eine bestimmte Strecke durch eine bekannte Geschwindigkeit von einem Etwas dividiert wird, ergibt das Ergebnis die Zeit, die dieses Etwas für diese Strecke benötigt hat.

Beispiel: Wir haben eine Strecke von 1.000 Meter und wissen, dass ein heranfahrendes Auto konstant mit 100 Meter pro Sekunde fährt. Über die gesamte Strecke messen wir nun die Zeit auf einer Uhr. Das Ergebnis auf der Uhr zeigt an, dass das Auto für die Strecke 10 Sekunden benötigte.

Was ist ein Meter und was ist eine Sekunde? Beides sind festgelegte Einheiten. Das bedeutet, dass sich irgendwann ein paar Leute darauf geeinigt haben, wie lang ein Meter ist. Dazu gab es mehrere Bezugsideen, von was der Meter hergeleitet werden sollte. Nach der Einigung wurde dieses Maß geeicht und es wurde ein Urmeter hergestellt, mit dem alle anderen Meter identisch sein mussten. Das gilt ebenso für alle kleineren und größeren vom Meter hergeleiteten Maßeinheiten. Das gleiche Grundprinzip gilt für alle Einheiten. Heute wird der Meter über die Lichtgeschwindigkeit ermittelt. Ein Meter *entspricht* der Strecke, die das Licht im Vakuum in einer Zeit von 1 / 299.792.458 Sekunde zurücklegt.

Betrachten wir nun eine Sekunde. Der Schweitzer Mathematiker Jost Bürgie konstruierte 1585 die erste Uhr mit je einem Stunden-, Minuten- und Sekundenzeiger. Mit dieser Uhr konnte erstmals die Einheit einer festgelegten Sekunde gemessen werden. Zuvor wurde diese Einheit durch astronomische Beobachtungen und Messungen festgelegt. Eine Uhr misst also. Was misst eine Uhr? Sie sagen nun gewiss die Zeit. Doch, was ist die Zeit? Genau, die Bewegung von einem Etwas in bezug auf eine festgelegte Strecke. Genau das macht eine Uhr auf die eine oder andere Weise. Bewegung findet statt, eine Strecke wird von einem Etwas zurückgelegt und bestimmte zurückgelegte Streckenabschnitte werden mit bestimmten Zeitangaben definiert. Dieser Ablauf muss exakt auf die Sekunde abgestimmt sein, auf die sich zuvor alle geeinigt hatten.

Wenn wir die Zeit messen, wie lange ein Auto bei einer konstanten Geschwindigkeit von 100 Metern pro Sekunde für 100 Meter benö-

tigt, dann messen wir mit der Uhr selbst eine bestimmte Strecke, die von einem Etwas mit einer bestimmten Geschwindigkeit zurückgelegt wird. Dann sagen wir letztendlich aus, dass das Zurücklegen der Strecke mit dem Auto bei der entsprechenden Geschwindigkeit dem Zurücklegen der Strecke des Zeigers auf dem Ziffernblatt der Uhr mit seiner Geschwindigkeit entsprach.
Strecken und Geschwindigkeiten werden somit gegenübergestellt und ergeben ein Resultat, das wir dann als Sekunden und Zeit bezeichnen.

Zeit wird durch die Bewegung/Veränderung von einem Etwas mit einer bestimmten Geschwindigkeit bezogen auf eine bestimmte Strecke definiert.

Betrachten wir nun den Mensch genauer. Alles in uns ist in Bewegung. Neuronale Aktivitäten sind ständig mehr oder weniger intensiv in Aktion. Es ist sogar so, dass wir das Zeitgefühl so intensivieren können, dass wir exakt am Morgen dann aufstehen, kurz bevor unser Wecker zu klingeln beginnt. Manche Menschen benötigen gar keinen Wecker mehr, da sie stets zur selben Zeit aufwachen. Sie stellen ihren Wecker nur noch zur Sicherheit.

Genau aus diesem Grund, dass sich alles, was unser Bewusstsein ausmacht, in ständiger Bewegung befindet, haben wir auch ein ununterbrochenes Zeitempfinden.

UND NUR AUS DIESEM GRUND!

In uns zurückgelegte Strecken im subatomaren Bereich werden anscheinend gemessen und als Zeit interpretiert. Es wurden zwar bislang nur bestimmte Regionen im Kleinhirn für das Zeitempfinden verantwortlich gemacht, doch es gibt keine weltweit anerkannte Theorie dazu und die Fachexperten haben die verschiedensten Ansätze diesbezüglich. Fakt ist, dass wir Zeit empfinden und bestimmte Zeitabläufe offensichtlich speichern können. Wäre das nicht so, dann gäbe es jene Menschen nicht, die keinen Wecker mehr benötigen und exakt pünktlich aufwachen. Doch die gibt es und ich bin einer davon.

Wir sind eine lebendige Uhr, die sich selbst wahrnimmt.

Machen wir nun gemeinsam ein paar Gedankenexperimente.

Stellen Sie sich bitte vor, wie es wäre, wenn plötzlich **ALLES** um Sie herum zum absoluten

Stillstand käme. Nichts würde sich verändern, nur Sie würden noch genauso existieren, wie zuvor.

In diesem Fall hätten Sie nur noch sich selbst als Uhr. Sie könnten nun zählen, wie lange alles stillsteht. Das einzige, das Zeit erzeugt, sind jedoch Sie, da Sie Ihre gedankliche Eigenbewegung als Zeitmaß einsetzen.

Nun nehmen wir an, dass **ALLES** stillsteht, auch Sie und ihre Gedanken. Existiert jetzt noch Zeit? Nein!

Sie werden nun eventuell sagen, dass es doch noch Zeit gäbe, doch das tun Sie nur, weil Sie gerade in voller innerer Bewegung sind und eben nicht absolut still stehen. Ihre innere Uhr läuft gerade. Doch wenn sich nichts mehr verändert, dann ist keine Zeit mehr vorhanden.

Die Ursache für Zeit ist somit mindestens eine Veränderung von einem Etwas.

Ich behaupte, dass Zeit THEORETISCH nur objektbezogen existiert und nicht generell. Zeit findet THEORETISCH nur dort statt, wo sich Etwas verändert.

Erinnern wir uns nochmals:
Zeit wird dadurch ermittelt, dass eine Strecke durch die Geschwindigkeit von einem Etwas geteilt wird, wobei die Zeiteinheit selbst eine Veränderung eines Etwas bezüglich einer vordefinierten Strecke ist.
Wenn keine Geschwindigkeit von irgend Etwas durch Veränderung vorhanden ist, kann Zeit nicht existieren.

Somit ist die Ursache für Zeit=Veränderung.

Veränderung findet jedoch nur durch den Einfluss von Energie statt. Der Einfluss von Energie auf ein Etwas setzt jedoch für diesen Vorgang bereits Energie voraus. Ahnen Sie schon, worauf ich hinaus will? Genau! Letztendlich bestätigt diese Feststellung ebenfalls meine These, da der Urgrund von allem Seienden Energie sein muss, die aus sich selbst heraus wirkt. Genau so, wie ich es mit dem Uroboros symbolisch darstellte und mit den Quantenfeldfluktuationen des Vakuums in direkte Verbindung brachte.
Auch diese Feststellung vernichtet die Urknallthese. Ups, ich vergaß, dass beim sogenannten Urknall noch keine physikalischen Gesetze herrschten, verzeihen Sie bitte.

Wenn sich Zeit durch Bewegung definiert, dann vergeht <u>THEORETISCH</u> überall dort keine Zeit, wo sich nichts bewegt.

***Somit lässt sich davon logisch herleiten,
dass ein Energieimpuls
bezogen auf ein Etwas
das stattfinden lässt,
was wir als Zeit definieren.
Bei einem Etwas, auf das
<u>THEORETISCH</u>
keine Energie einwirkt, kann somit keine Zeit stattfinden!***

Somit muss in einer korrekten Zeitformel die Masse des bewegten Etwas und die aufgebrachte Energie für dessen Bewegung mit berücksichtigt werden, damit in einem **VON UNS DEFINIERTEN SYSTEM** Zeit korrekt definiert werden kann.

Falls sich jemand ein paar Lorbeeren verdienen will:
Wir wissen, dass für die Bewegung von großen Massen mehr Energie aufgewendet werden muss und für kleinere Massen weniger. Wir wissen zudem, dass bei einem entsprechenden Widerstand oder mehreren Widerständen bezüglich der Bewegungsrichtung weitere Energie benötigt wird. Nun spielt die Strecke noch eine Rolle, die unter den genannten Faktoren zurückgelegt werden soll. Na. Klingelt es im Oberstübchen? Na also, dann machen Sie etwas daraus.
Bitte.
Bei der heutigen Zeitmessung wird keine Zeit gemessen. Es werden die Strecken und die Bewegungsgeschwindigkeiten von verschiedenen bewegten Dingen gegenübergestellt und das Resultat wird dann mit Einheiten wie beispielsweise Meter pro Sekunde oder Kilometer pro Stunde und so weiter benannt. Die wesentlichen Faktoren werden jedoch nicht berücksichtigt und darum wurde Zeit bislang auch fehlinterpretiert, fortfolgend missverstanden und als Formelwerk gehandhabt.

Energie ist unabdingbar, damit das stattfinden kann, was wir als Zeit definieren!

Die jeweiligen Massen und einflussnehmenden Kräfte müssen zwingend mit berücksichtigt werden!

Der theoretische Teil ist nun beendet, wenden wir uns nun der Praxis zu:
Verzeihen Sie mir bitte, dass ich Sie vorhergehend theoretisch an der Nase herumgeführt habe.

Darum hob ich das Wort – **THEORETISCH** - auch stets hervor.

Dies war jedoch notwendig, um das Grundwesen der Zeit zu verstehen. Ich fand in der Literatur nirgendwo eine Definition, die mich zufrieden stellte, darum erdachte ich mir selbst diese Definition und nach meiner Meinung ist sie absolut verständlich und zutreffend. Sie sehen dadurch nun folgend auch, wie weit eine Theorie von der Praxis entfernt sein kann, auch wenn es auf den ersten Anschein gar nicht so wirkt.

Die Praxis:
Da sich in einem Vakuum mit seinen Quantenfeldfluktuationen immer irgendwo irgend etwas bewegt, vergeht in der ewigen Unendlichkeit auch immer Zeit. Einen Stillstand von Zeit gibt es somit nicht praktisch, sondern **nur** örtlich bedingt theoretisch! Warum? Weil es nur eine ewige Unendlichkeit gibt, deren verschiedene Aggregatzustände **nur scheinbar** voneinander getrennt sind, jedoch nicht tatsächlich. Trennung – also Grenzen – existieren wiederum nur in unseren Köpfen. **Wir** setzen gedanklich Grenzen. Tatsächlich ist jedoch alles unbegrenzt und ein untrennbarer Teil der ewigen Unendlichkeit. Der jeweilige Aggregatzustand ist für diese Feststellung völlig unrelevant.

Wenn also tatsächlich die Zeit stillstehen sollte, dann müsste die faktische Gewissheit bestehen, dass in der ewigen Unendlichkeit tatsächlich ALLES stillsteht. Das Wesen der ewigen Unendlichkeit verhindert solch eine Gewissheit jedoch, da ewige Unendlichkeit niemals überblickbar ist, da sie selbst keine - theoretischen und geschweige denn praktische - Grenzen aufweist.

Wir haben als lebendiges und wahrnehmendes Uhrensystem (lebender Mensch) nun ein gewaltiges Dilemma! Wir können unsere innere wahrnehmende Uhr nicht abstellen, ohne unser Bewusstsein vollkommen abzuschalten, so krass sich das auch anhören mag, doch so ist es. Wir kommen somit nicht drum herum, bestimmte Ereignisse zu relativieren, wenn wir die Zeit innerhalb von einem System – DAS WIR SELBST BEGRENZT HABEN – ermitteln wollen.

Im Gegensatz zu Einsteins Allgemeiner Relativitätstheorie gibt es bei meinem Ansatz jedoch ein alles umfassendes Bezugssystem. Ja, genau, das Vakuum selbst.

Ich weiß schon, dass jetzt einige von Ihnen kollabieren werden, da mit einem eindeutigen Bezugssystem Einsteins Theorien ins Wanken kämen, doch dies soll nicht das Thema dieses Buches sein. Na, tupft da eventuell gerade jemand die Schweißperlen von der Stirn?

Wenn wir in Laborversuchen Zeit ermitteln wollen, dann kommen wir nicht drum herum, für das Experiment Grenzwerte zu schaffen. Dies müssen wir jedoch unter der Berücksichtigung der neu erworbenen Kenntnisse tun. Das bedeutet jedoch auch, dass unsere Ergebnisse für Zeitabläufe immer nur in dem jeweils von uns begrenzten System relativierte Gültigkeit haben. In Bezug auf die ewige Unendlichkeit sind sie jedoch falsch.

Das kann uns jedoch für unseren Alltagsgebrauch schnuppe sein, um es locker auszudrücken.

Ich muss nun leider Albert Einsteins sogenannte Raumzeit korrigieren:
Da es keinen Raum, sondern nur Vakuum gibt, ist bereits der Begriff „Raum" – wie bereits erwähnt – falsch. Da das ewige und unendliche Vakuum jedoch zugleich ewige und unendliche Energie ist und Energie wiederum der unabdingbare Faktor für Zeit ist, kann der richtige Begriff nur Energiezeit lauten und nicht Raumzeit.

Energiezeit ist somit die Lageveränderung, durch einen Energieimpuls, eines als begrenzt definierten Aggregatzustandes des Vakuums, innerhalb einer als <u>von uns als begrenzt definierten</u> Zone, des Vakuums.

Wie sieht es nach diesen Erkenntnissen mit Zeitreisen aus?

*Sehr schlecht!
Warum?*

Ich widerlege hiermit Zeitreisen bezogen auf die ewige Unendlichkeit:
Da Zeit einzig durch Veränderung in Verbindung mit einem Energieimpuls definiert werden kann, gelten die folgenden Gesetzmäßigkeiten:
Wenn wir in der Zeit zurück wollten, wie sie nach unserer Zeitrechnung gestern um 12:00 war, dann müsste sich **die ewige Unendlichkeit** exakt so zurückverändern, wie es gestern nach unserer Zeitdefinition um 12:00 Uhr entsprechender Ortszeit in der ewigen Unendlichkeit war.
Was bedeutet das? Es bedeutet, dass **die ewige Unendlichkeit** einen Rückwärtsgang einlegen müsste, um sich genau in dem Zustand zu befinden, wie es zu dem von uns angegebenen Zeitpunkt war. Alle energetischen Ereignisse müssten sich also in bezug auf die jeweiligen Energieimpulse, die Ausrichtung und so weiter exakt umkehren, also auch der Zeitreisende selbst. Das Wesen von ewiger Unendlichkeit widerspricht dem bereits, doch dabei will ich es nicht belassen.

Punkt 1: Reisen in die Vergangenheit I
Es gibt keinen zusätzlichen Energiefaktor, der die ewige und unendliche Energie in den Zustand zurückversetzen könnte, den wir als zeitlichen Ausgangspunkt fixieren. Es gibt keine andere Energie, als die ewige und unendliche Energie und somit stände dafür

keine andere Energie zur Verfügung, um die derzeitigen unendlichen Energiezeitprozesse umzukehren. Allein deswegen sind Reisen in die Vergangenheit in bezug auf die ewige Unendlichkeit anhand der physikalischen Gesetzmäßigkeiten nicht möglich.

Punkt 2: Reisen in die Vergangenheit II
Selbst dann, wenn wir Punkt 1 und das grundsätzliche Wesen von ewiger Unendlichkeit theoretisch ausklammern würden, könnte ein Zeitreisender nie weiter in die Vergangenheit zurückreisen, als er Jahre alt ist. Warum? Weil er dann selbst Teil der energetischen Rückveränderung wäre und in der Zeitveränderung selbst seine eigene Rückveränderung mitmachen würde. Das bedeutet, dass er vor dem Beginn seines Lebens nicht mehr als Lebensform existieren würde. Doch Punkt 1 ist der grundlegende Faktor, der dies verhindert.

Punkt 3: Reisen in die Zukunft
Das Wesen der ewigen Unendlichkeit ist auch ständige Veränderung. Vergangenheit ist dann das, was sich bereits verändert hat. Um die Gegenwart zu definieren, müssen wir dazu einen minimalen Zeitbegriff definieren, den wir nach unserem menschlichen Empfinden als Gegenwart allgemein akzeptieren wollen. Wir könnten jedoch auch akzeptieren, dass es dadurch, dass ständige

Veränderung stattfindet, keine Gegenwart als solche gibt. Zukunft ist dann das, was als Veränderung noch nicht stattgefunden hat, jedoch noch stattfinden wird.

Wenn wir in die Zukunft der ewigen Unendlichkeit reisen wollten, dann müssten wir durch zusätzliche Energie – die mehr wäre, als die ewige unendliche Energie – diesen Prozess beschleunigen. Da es jedoch keine zusätzliche Energie – zu der ewigen unendlichen Energie – gibt, sind auch Zeitreisen in die Zukunft nicht möglich.

Auch, wenn wir hierbei dies wieder theoretisch ausklammern würden, könnte ein Zeitreisender niemals weiter als lebendiges Wesen in die Zukunft reisen, als er alt werden würde. Der Grund dafür ist, dass er dem Prozess der Zeitreise in die Zukunft selbst unterliegen würde und somit den Zeitpunkt seines Todes mit der entsprechenden Beschleunigung erreichen würde.

Ich will die Definition der notwendigen zusätzlichen Energie genau erklären, da sie leicht missverstanden werden kann.

Die ewige Unendlichkeit besitzt unendliche Energie, da sie selbst unendlich und ewig ist. Dies erzeugt den Eindruck, dass genug Energie für eine Zeitumkehr in Form von Rückveränderungen oder Gesamtbeschleunigung vorhanden wäre. Dieser Eindruck täuscht jedoch. Um das zu erklären, muss ich nun Grenzen zur Beschreibung nutzen.

Jedwede von uns als begrenzt gedachte Vakuumzone hat ein bestimmtes Energieniveau. Wir könnten nun unendlich nacheinander Vakuumzone für Vakuumzone begrenzen und hätten in jeder Zone ein bestimmtes Energieniveau. Wenn wir nun in der Zeit vorwärts oder rückwärts wollten, dann bräuchten wir **zusätzliche Energie** für jedwede begrenzte Zone, um eine gesamte unendliche Rückveränderung oder eine gesamte zeitliche Vorbeschleunigung zu erzielen. **Diese Energie gibt es nicht.**

Gibt es einen Trick, um durch die Zeit zu „reisen"? Ja!

Der Trick:
Wir können schummeln! Das bedeutet, dass wir keine echte Zeitreise machen, sondern nur ein Resultat erzielen, das bezogen auf eine bestimmte örtlich begrenzte Zone eine Zeitreise simuliert.

Dazu ein paar Beispiele:
Erschummelte Reisen in die Vergangenheit:
Wenn wir wissen, wie ein Zustand in der Vergangenheit war, dann können wir diesen Zustand wieder erreichen, wenn alle Um-

kehrprozesse bekannt und realisierbar sind. Somit können wir durch solch eine Veränderung eine Zeitreise in die Vergangenheit bis zu einem gewissen Annäherungsfaktor **erschummeln.** Ganze Industriezweige leben genau davon! Sogenannte Verjüngungscremes, Verjüngungsoperationen und so weiter versuchen den Menschen zu suggerieren, dass sie dadurch verjüngt werden. Es geht bei geschummelten Reisen in die Vergangenheit also darum, einen früheren Zustand wieder zu erreichen, der momentan nicht mehr existiert. Eine andere spannende Art eine Reise in die Vergangenheit zu unternehmen wäre es, wenn wir eines Tages auf eine Zivilisation träfen, die Aufnahmen von unserer Vergangenheit gemacht hat, als sie das Licht von der jungen Erde auffingen und diese Bilder festhielten. Alte Bilder, Filme und so weiter sind auch geschummelte Zeitreisen in die Vergangenheit.

Geschummelte Reisen in die Zukunft:
Wenn wir einen Ablauf von einer Veränderung bereits kennen, dann können wir den Ablauf beschleunigen. Wenn wir beispielsweise wissen, dass eine bestimmte Kürbisart 9 Wochen benötigt, um auf die volle Größe heranzuwachsen, dann können wir den Zustand der vollen Größe näher an die Gegenwart rücken, wenn wir die Kürbisse

düngen. Dann hätten sie eventuell bereits nach 8 Wochen ihre volle Größe erreicht.

Es geht also darum, ein Ereignis, das erst in weiter Zukunft stattfinden würde, näher an die Gegenwart zu rücken.

Jede Beschleunigung, die schneller als der übliche Ablauf von einem Vorgang ist, ist somit eine geschummelte Zeitreise. Mehr ist nicht drin. Die geschummelten Zeitreisen kommen an echte Zeitreisen - nicht einmal vom Ansatz her – heran. Doch echte Zeitreisen wird es aus den genannten Gründen **niemals** geben. Ich bin eigentlich der Letzte, der das Wort „niemals" nutzt, doch in diesem Fall bin ich mir sicher. Schön wäre es, wenn ich mich irre. Es gäbe zwar noch zig weitere Beispiele dafür, wie Zeitreisen erschummelt werden können, doch letztendlich wären alle auf die eine oder andere Weise erschummelt worden und darum bleibe ich nach meiner momentanen Überzeugung bei „niemals", auch wenn das einigen Leuten nun ganz gewiss nicht gefällt. Ich bin übrigens einer davon. Doch leider kann ich es nicht ändern, sonst würde ich es eventuell tun.

Erfahren Sie nun, warum Gott TA SAI spielt und nicht würfelt.

Was ist TA SAI eigentlich und was bedeutet es:
TA SAI ist ein von mir entwickeltes Holzspiel. In mehreren asiatischen Sprachräumen bedeutet TA SAI (ta sai) Vielfalt, Vielfältigkeit und noch mehr.
Das Spiel hält mit bislang 150 niedergeschriebenen und logisch aufeinander aufbauenden Varianten den absoluten Weltrekord im Bereich der taktischen Spiele. Die allermeisten Varianten können zu zweit gespielt werden. Es gibt auch Übungsvarianten für eine Person. Die tatsächliche Variantenvielfalt ist noch weitaus höher und fast jedes Mal, wenn ich das Spiel vor mir stehen habe, fällt mir eine neue Variante ein.
So sieht es aus:

Weil das Spiel absolut vielfältig ist und auf einigen wenigen Gesetzmäßigkeiten beruht, die alle logisch aufeinander aufbauen, schien mir die Idee passend zu sein, es mit der Vielfalt der ewigen **Unendlichkeit = Gott** in Verbindung zu bringen.
Schließlich ist es eine Eigenkreation von Gott, da ich selbst eine Kreation von „ihm" bin und als solche nur als Tool gedient habe, das Spiel zu erdenken und zu erstellen.
Wenn es Außerirdische gibt, wovon ich ausgehe, dann spielen sie gewiss TA SAI.

331

Kapitel 16

Planetenentstehung, so kam das Wasser auf die Erde, Aliens, Ufos, Präastronautik

Planetenentstehung:
Die derzeit bevorzugte Theorie zur Planetenentstehung wirft mehr Fragen auf, als dass sie Antworten bietet.
Nach dieser Theorie gibt es in einem Nebel aus cirka 99% Gas und 1% Staubpartikel einem Energieimpuls, der fortfolgend zu einer Kettenreaktion und somit zu einer rotierenden Gas- und Staubscheibe führt. Möglich sind auch mehrere Verwirbelungen in einem solchen Nebel. Je Verwirbelung soll sich die Scheibe im Zentrum verdichten und nach außen ausdünnen. Im Zentrum entsteht dann jeweils das Zentralgestirn und drum herum sollen die Gas- und Staubpartikel langsam zueinander finden, mehr Masse bilden, sich in Bahnen durch die Schwerkraft des Zentralgestirns einordnen und so weiter. Das große Problem ist hierbei, dass sich Staub und Gasteilchen, die bereits mit einiger Geschwindigkeit rotieren, nicht so einfach binden, da sie sich nicht nur parallel in Relativgeschwindigkeit begegnen, sondern kreuz und quer umherfliegen. Und selbst dann, wenn sich einige Partikel bis zu einer minimalen Struktur gebunden haben und folgend mit

anderen aufeinanderprallen, zerstören sie ihre Strukturen wieder. Dass sich durch diesen Prozess tatsächlich Planeten bilden, ist mehr als unwahrscheinlich. Die Saturnringe sind ein gutes Beispiel dafür, dass sich die größeren Klumpen ganz offensichtlich immer wieder zerschlagen. In Videodarstellungen ist es immer so wundervoll zu sehen, wie ganze Brocken zusammenprallen und sich dann sofort verbinden. Das mag auf einem Video einfach machbar sein, doch mit den wirkenden Kräften hat dies leider nichts zu tun, denn Materiebrocken von kleiner Größe und hoher Geschwindigkeit binden sich nicht einfach, sondern sie stoßen sich ab und zerstören sich wieder.
Ich will nicht lange um den heißen Brei herum reden.
Während dieser Phase, in der sich das Zentralgestirn bildet, gibt es einen Zeitraum, in dem die Gase in der Rotationsscheibe eine Temperatur bekommen, in der sie **FLÜSSIG** sind.
Als ich eine TV-Dokumentation über die Raumstation ISS sah, war ein Astronaut zu beobachten, der aus einem Nahrungsbeutel Orangensaft drückte. Er formte sich sofort zu Kugeln, die in der Schwerelosigkeit herumflogen und sich sofort zu Verbänden zusammenschlossen, wenn sie sich trafen.

SIE PRALLTEN NICHT VONEINANDER AB!

Als ich das sah, ergab das Eine dann das Andere. Natürlich, es ist doch absolut einleuchtend, dass sich Flüssigkeiten im Vakuum zu Kugeln formieren und sich gegenseitig binden, da sie eine entsprechende Oberflächenspannung besitzen, die solch einen Prozess problemlos zulässt. Weiterhin ist es völlig klar, dass sich Staubpartikel mit einer Flüssigkeit viel einfacher verbinden, als mit anderen Staubpartikeln. Es macht somit absoluten Sinn, dass sich die Planeten in dieser flüssigen Phase des Gases gebildet haben. Wenn dann bereits entsprechende Massen vorhanden waren, tat die Schwerkraft ihr Übriges in der späteren Phase dazu, um weitere Materie zu binden.
Somit ist es auch völlig klar, wie das Wasser auf die Erde und die anderen Planeten und Monde kam. „Kam" ist der falsche Begriff, denn es war vom Beginn der Planetenentwicklung bereits dabei. Ebenso lässt sich von daher ableiten, wie die meisten Monde entstanden. Beim Zusammenstoß mit anderen großen Flüssigkörpern können natürlich diese Begleiter im wahrsten Sinne des Wortes abgetropft sein.
Auch, wie die vom Zentralgestirn weiter entfernten Gasriesen entstanden, lässt sich so gut herleiten. Die äußeren Bereiche des ursprünglichen Gas- und Staubnebels waren wegen der Entfernung viel kürzere Zeit in der richtigen Temperatur, sodass sich viel weni-

ger flüssiges Gas mit den Staubpartikeln verband. Das, was sich noch an Gasmengen in diesen Bereichen befand, sammelte sich dann durch die Schwerkraft in dieser Temperaturübergangszone, als das Gas keinen flüssigen Zustand mehr hatte. Gerade der Jupiter und der Saturn mit seinen Monden gibt einige Hinweise dafür, dass meine Vermutung richtig ist. Leider habe ich nicht die Möglichkeit, entsprechende Versuche in der Schwerelosigkeit durchzuführen. Doch ich hoffe, dass der Ideenansatz aufgegriffen und überprüft wird.

Nächster Punkt:

Aliens: Gibt es außerirdisches Leben?
Dieses Thema muss ich hier auf der Erde beginnen, bevor ich mich der ewigen Unendlichkeit zuwende.
Es ist erst wenige Jahrzehnte her, da wurde von den zuständigen Wissenschaftsbereichen felsenfest behauptet, dass Leben unter einem bestimmten Druck, unter bestimmter Hitze, in bestimmten Säuren und Laugen und so weiter nicht existieren kann. Nun, so fest waren diese felsenfesten Behauptungen doch nicht, denn inzwischen sind sie zerbröselt wie eine Sandburg in einem Sturm.
Heute, wenige Jahrzehnte nach diesem Wissensstand, ist es bekannt, dass es Lebensformen unter Umgebungsbedingungen gibt, die jener Wissenschaftszweig als extrem

bezeichnet. Darum wird die Obergruppe dieser Lebensformen auch als Extremophile bezeichnet. Die jeweiligen Untergruppen werden wiederum bezüglich ihres extremen Widerstandes gegen Druck. Hitze, Säuren und so weiter unterteilt. Ich will bei dem Oberbegriff bleiben. Es fanden sich Extremophile in der Tiefsee, die bei enormen Druckverhältnissen und ohne Sonnenlicht bestens gedeihen und ganze Ökosysteme gebildet haben. Es gibt Extremophile in Salzseen, in kochend heißen Geysiren, in toxischen Umgebungen, in Säuren und Laugen, in gefrorenen Gasen und so weiter und so fort. Welche Überraschungen noch auftauchen werden, scheint nur eine Frage der Zeit zu sein.

In der ewigen Unendlichkeit scheint es ein oberstes Gesetz zu geben, das besagt:

- Unter gleichen Bedingungen, kommt es zu gleichen Resultaten.
- Unter ähnlichen Bedingungen, kommt es zu ähnlichen Resultaten.

Da wir heute wissen, dass Leben unter den verschiedensten Bedingungen existiert, erweitert dies das Spektrum gewaltig, innerhalb dessen wir nach Leben suchen können. Da ich dieses oberste Gesetz der ewigen Unendlichkeit verstanden habe und es ernst nehme, lautet meine Antwort auf die Frage, ob es Leben auf anderen Himmelskörpern gibt, natürlich eindeutig ja.

Ich bin, wegen den genannten Extremophilen, absolut davon überzeugt, dass wir bereits auf dem Mars mindestens Mikroben finden werden. Ich gehe sogar so weit zu behaupten, dass wir Fossilien von weit höher entwickeltem Leben finden werden, wenn wir richtig suchen. Der Mars schreit direkt nach Leben. Die gewaltigen Polkappen aus Kohlendioxyd- und Wassereis, sowie weitere Wasserspeicher unter der Marsoberfläche geben mehr, als nur Grund zur Hoffnung. Auch, dass große Mengen an Methan auf dem Mars entdeckt wurden, könnte ein Indiz für Lebensformen unter der Marsoberfläche sein. Auch auf der Erde wird ein riesiger Anteil von Methan durch Lebensformen produziert. Ich hörte, dass das Methan auf dem Mars auch von Meteoriten kommen könnte. Da es sich jedoch um eine jährliche Methanproduktion von schätzungsweise 200 bis 300 Tonnen handelt, können Meteoriten keinesfalls die einzige Methanquelle auf dem Mars sein.

Für mich lautet die Frage nicht mehr, <u>ob</u> wir Leben auf dem Mars finden werden, sondern <u>wann</u>!

Doch der Mars ist als Kandidat für Leben keineswegs allein.
Auf dem eisigen Saturnmond Enceladus, der einem Durchmesser von cirka 500 Kilometern hat, wurde beispielsweise nachgewiesen, dass er unter der Oberfläche flüssiges Wasser besitzt das in gewaltigen Eispartikelfontänen bis zu 750 Kilometer ins All „hinausschießt". Wegen dieser Beobachtungen wird folgerichtig davon ausgegangen, dass es unter der Oberfläche ein unterirdisches Meer geben könnte. Da auch verschiedene Salze gefunden wurden, die auf ein Meer hindeuten und zudem organische Verbindungen, ist Enceladus ein Topkandidat als möglicher Träger von „primitiven" Lebensformen. Es gibt auch Anzeichen von Wärme im Inneren, da der Mond durch Gravitationseinwirkungen geradezu durchgeknetet wird. Somit steigt die Chance auf Leben nochmals enorm, da dann verschiedene Temperaturzonen gegeben wären bei denen nach unseren Wissensstand Leben möglich ist.
Auf dem Saturnmond Titan wurden riesige Methanseen entdeckt. Viele Prozesse des Titans sind sehr ähnlich, wie auf der Erde. So gibt es dort beispielsweise eine Atmosphäre, die jener der jungen Erde sehr ähnlich ist. Der Titan besitzt zudem ein Magnetfeld und es gibt Wetterperioden auf ihm und auch Anzeichen von Jahreszeiten. Da auf der Erde Würmer gefunden wurden, die in Methaneis

prächtig gedeihen, ist auch der Titan ein möglicher Träger von Leben.

Es gibt noch einige weitere Monde des Saturns und des Jupiters, die ebenfalls spannende Eigenschaften besitzen.

Der Jupitermond Europa, der mit Eis bedeckt ist und unter dessen Oberfläche ebenfalls ein riesiges Meer vermutet wird, ist auch ein heißer Kandidat für Lebensformen. Einige Wissenschaftler vermuten sogar, dass es dort höherentwickelte Lebensformen geben könnte, vergleichbar mit der Tiefsee auf der Erde.

Bemerkenswert ist es, dass quasi vor unserer eigenen Haustür mehrer Monde und Planeten als Träger von Leben infrage kommen. Es gibt jedoch nicht nur unser Sonnensystem mit Planeten.

Sehr spannend ist die Frage, ob es in der ewigen Unendlichkeit Lebensformen gibt, die ähnlich weit wie der Mensch - oder sogar noch weiter entwickelt sind.

Nach dem heutigen Stand vom 03.07.2012 gibt es nach meinem Wissen 624 extrasolare Planetensysteme. Darunter sind 101 Planetensysteme, die aus mehr als einem Planeten bestehen. Insgesamt beträgt die Zahl der bisher entdeckten Exoplaneten 778. Davon sind die meisten bestätigt und nur wenige noch nicht. Die Zahl nimmt jedoch ständig zu.

Zu berücksichtigen ist dabei auch, dass wir bislang nur Planeten ab einer gewissen Größe feststellen können. Ebenso sollten wir bedenken, dass die bereits entdeckten Planeten auch Monde mit sich führen könnten, die als Lebensträger eventuell infrage kämen. Die entdeckten Exoplaneten bestätigen erneut das oberste Gesetz, dass bei selben oder ähnlichen Bedingungen auch selbe oder ähnliche Resultate entstehen.

Da viele Sterne genauso alt und auch schon viel älter als unsere Sonne sind, ist es somit mehr als wahrscheinlich, dass auch auf anderen Planeten oder Monden höherentwickeltes Leben entstand. Dass von diesen Lebensformen einige auch eine Zivilisation entwickelt haben und den Schritt zur Raumfahrt machten, ist somit absolut denkbar. Da jedoch zig Faktoren davon abhängen, wie weit sich Leben entwickeln kann, wäre jede geschätzte Zahl völlig wertlos.

Eines ist jedoch nach meinem Verständnis gewiss. Wir nehmen in der ewigen Unendlichkeit keine einzigartige Sonderstellung ein.

Eine ganz andere spannende Frage ist es jedoch, ob gerade jetzt irgendwo eine Raumfahrende Zivilisation existiert, die mit uns Kontakt aufnehmen, oder uns gar besuchen könnte.

Da unsere Radiowellen seit zirka 80 Jahren im All unterwegs sind, ist es gut möglich, dass andere Zivilisationen im Empfangsradius von 80 Lichtjahren bereits diese Sendungen empfingen und analysierten, wenn sie die technischen Möglichkeiten dazu hatten.

Wir teilen uns also anderen Zivilisationen mit, wenn diese bestehen und auf dem richtigen technischen Stand sind. Ich betrachte dieses menschliche Handeln als nicht sonderlich clever. Wir wissen nicht, wer die möglichen Empfänger sind und was sie aus den empfangenen Daten schließen. Darauf eine Antwort zu finden ist letztendlich nur dann möglich, wenn uns diese Antwort eines Tages von den Empfängern selbst mitgeteilt wird.

Spekulieren macht jedoch Spaß und den lasse ich mir nicht nehmen.

Wenn wir einige unserer ersten Fernsehnachrichten aus den Kriegsjahren des Zweiten Weltkriegs betrachten, dann ist es wohl sicher, dass wir kein friedfertiges Bild von unserer Rasse hinterlassen haben.

Die Empfänger hätten somit das Bild von uns, dass wir eine kriegerische Rasse sind. Wenn sie auch feststellen, dass wir bereits Raumfahrtprogramme starteten, dann könnten sie uns als potenzielle Bedrohung betrachten. Natürlich könnte ihr Stand der Technik so weit fortgeschritten sein, dass sie uns nur belächeln, falls sie lächeln.

Doch eines ist gewiss, unsere Atomwaffen werden sie auf die eine oder andere Weise als Bedrohung empfinden, ebenso Waffen im chemischen und biologischen Bereich. Denn egal, wie weit sie auch fortgeschritten sein mögen, wenn es biologische Lebewesen wären, dann könnten sie durch die genannten Bedrohung **höchstwahrscheinlich** sterben, wenn wir sie angreifen würden.

Je nach dem, wie weit sie ethisch entwickelt sind – wenn überhaupt – würden sie uns entweder gründlichst beobachten und in dem Falle, dass wir ihnen zu bedrohlich werden, eventuell auslöschen, bevor wir ihnen Schaden zufügen könnten. Das hört sich heftig an, ich weiß, doch mal ganz ehrlich, wie würde wohl die Menschheit handeln, wenn sie eine Bedrohung entdecken würde, mit der sie ansonsten nichts am Hut haben will? Hm? Viele weitere Szenarien sind jedoch denkbar.

Wenn wir uns nicht bereits seit Jahrzehnten im All mitgeteilt hätten, würde ich persönlich davon abraten. Die Gefahr, von den falschen Aliens entdeckt zu werden, ist einfach zu groß.

Beobachten und hinauslauschen ist nach meiner Auffassung vertretbar. Doch so lange wir nicht wissen, was uns dort draußen erwartet, sollten wir uns still verhalten. Neugier ist verständlich und oftmals sehr gut, doch dabei geht es um die Existenz von allem Leben auf der Erde oder zumindest um die Existenz der Menschheit.

Wenn weit entwickelte und kriegerische Außerirdische keinerlei Nutzen, sondern nur eine Gefahr in unserer Existenz sehen würden, dann hätten wir schlechte Karten. Dies

wäre vor allem bei einer Begegnung mit solch eine Zivilisation der Fall, die längst weiß, dass es Leben auf anderen Himmelskörpern gibt. Solch eine Zivilisation könnte die Neugier an anderen Lebensformen bereits verloren haben und nur noch knallhart nach möglichen Feinden oder Freunden aussortieren und die Feinde rechtzeitig eliminieren.
Wir haben die falsche Visitenkarte abgesendet, um als nette und kultivierte Wesen mit einem hohen ethischen Entwicklungsstatus betrachtet zu werden.
Wenn wir bereits entdeckt wurden, dann können wir nur hoffen, dass uns diejenigen Wesen nicht als Gefahr ansehen.

Ufos und Präastronautik:
Ufo bedeutet „Unbekanntes Flugobjekt". Hier soll es aber keineswegs um jedwedes nicht identifizierbare Objekt am Himmel gehen, sondern darum, ob es knallharte Fakten dafür gibt, dass uns außerirdische Intelligenzen bereits besucht haben. Zu diesem Thema könnte ich gewiss mehrere Bücher verfassen, doch ich will mich auf die Essenz konzentrieren.
Die Präastronautik, auch Prä-Astronautik oder Paläo-SETI beschäftigt sich mit der Forschung zu dem Thema, ob uns Aliens bereits in früher Vorzeit besuchten und ob sie Einfluss auf die menschliche Entwicklung oder

gar auf die Entwicklung des ganzen Planeten nahmen.
Es gab Zeiten, wo ich dieses Thema belächelte. Mein Lächeln verschwand jedoch, als ich mir die Mühe machte, mir umfangreiche Informationen zu dem Thema zu besorgen, die aus zuverlässigen Quellen stammten. Mit zuverlässigen Quellen meine ich solche, bei denen hochprozentig anzunehmen ist, dass die Berichte authentisch sind und nicht bewusst verfälscht wurden, um das Thema dramatischer zu machen, als es eh schon ist. Ja, solche Berichte gibt es auch, leider.
Die Fakten sind, dass es Überlieferungen von seltsamen und völlig unerklärlichen Phänomenen seit mehreren Jahrtausenden gibt. Das bekannteste indische Volksepos Mahabharata ist gefüllt davon. Dort werden Himmelsschlachten mit den verschiedensten Raumschiffen beschrieben, die mit den verschiedensten Waffen bestückt waren und sogar die Technologie besaßen, zeitweise unsichtbar zu werden. Die Raumschiffe und Flugkörper werden nicht nur optisch sehr gut beschrieben, sondern auch Details wie Treibstoffe werden benannt. Es gibt auch deutsche Übersetzungen des Mahabharata und ich kann Ihnen empfehlen, eine davon zu lesen.
Auch in den sumerischen Keilschriften gibt es erschreckende Informationen. Danach ist die Menschheit eine von den Göttern genmanipulierte Rasse, die dazu genutzt wurde, um

Erze abzubauen. Vor allem Gold. Zu diesem Schluss kommt ein Leser jedoch nur dann, wenn er die alten Beschreibungen mit neuzeitlichem Wissen in den jeweiligen Wissenschaftsbereichen vergleicht und dann schlussfolgert.

Wir wären somit ein gezüchtetes Sklavengeschlecht. Na prima!? Der Ort, wo die ersten gezüchteten Menschen wohnten, hieß nach diesen Überlieferungen Edin. Bemerken Sie die Ähnlichkeit zum biblischen Eden? Auch die weiteren Beschreibungen gleichen der Lage des biblischen Eden mit den Flüssen und so weiter.

Es gibt auch das Gilgamesch-Epos, das dem Bau der Arche durch Noah bezüglich der Sintflut so sehr gleicht, dass es kaum ein Zufall sein kann.

Es wird auch von Fehlversuchen bei dieser genetischen Manipulation berichtet. Die Wesen, die diese Versuche unternahmen, werden als Annunaki benannt. Sie kamen vom Himmel und ein Teil von ihnen wurde zu den Göttern der Unterwelt, oder auch der unteren Welt. Ihnen werden die „Igigi" gegenübergestellt. Letztere bewohnen den Himmel. Der Planet, von dem diese „Götter" kommen sollen, wird als Nibiru betitelt. Die „Igigi" mussten zuerst eine Zeit lang für die Annunaki arbeiten, bis es zu einer Rebellion kam ... Kommt Ihnen das auch bekannt vor?

Es gäbe dazu noch viel mehr zu berichten

und ich kann Ihnen auch dazu raten, weitere Informationen einzuholen, wenn sie dieses Thema interessiert. Versuchen Sie jedoch, möglichst alte Übersetzungen zu bekommen.
In den verschiedensten Religionen wird von Besuchern aus dem Himmel berichtet, welche die Menschen unterrichteten. Meist blieben sie einige Zeit, dann flogen sie wieder gen Himmel und versprachen, eines fernen Tages zurück zu kommen. Solche Besucher wurden dann immer zu Göttern und/oder zu Gesandten und Dienstboten von Göttern.
Auch Juden, Christen und Muslime kennen solche Wesen in ihren Glaubensbüchern, die nach meiner Meinung Ableger der sumerischen Überlieferungen sind. Bereits die Engel sind ein weltweit aufgetretenes Phänomen. Was oder wer waren die Engel? Waren es nette Gehilfen von Gott? Nein!

Die folgenden Informationen sind teilweise aus der Bibel:
Henoch und Hesekiel berichten neben vielen anderen Propheten von Flügen in einem Himmelsgefährt, von technisch anmutenden Gegenständen und so weiter. Sie kennen gewiss selbst so einige sogenannte HIMMELSFAHRTEN.
Auch von sexuellen Vereinigungen zwischen den Wächtern des Himmels und Menschenfrauen wird berichtet. Das glauben Sie nicht? Dann lesen Sie bitte den folgenden Textaus-

zug. Im äthiopischen Henochbuch ist der folgende Text zu lesen:

Kap. 6–11:

Nachdem die Menschenkinder sich gemehrt hatten, wurden ihnen in jenen Tagen schöne und liebliche Töchter geboren. Als aber die Engel, die Himmelssöhne, sie sahen, gelüstete es sie nach ihnen, und sie sprachen untereinander: "Wohlan, wir wollen uns Weiber unter den Menschentöchtern wählen und uns Kinder zeugen." Semjasa aber, ihr Oberster, sprach zu ihnen: "Ich fürchte, ihr werdet wohl diese Tat nicht ausführen wollen, sodass ich allein eine große Sünde zu büßen haben werde." Da antworteten ihm alle und sprachen: "Wir wollen alle einen Eid schwören und durch Verwünschungen uns untereinander verpflichten, diesen Plan nicht aufzugeben, sondern dies beabsichtigte Werk auszuführen." Da schwuren alle zusammen und verpflichteten sich untereinander durch Verwünschungen dazu. Es waren ihrer im Ganzen 200, die in den Tagen Jareds auf den Gipfel des Berges Hermon herabstiegen. Sie nannten aber den Berg Hermon, weil sie auf ihm geschworen und durch Verwünschungen sich untereinander verpflichtet hatten. Dies sind die Namen ihrer Anführer: Semjasa, ihr Oberster, Urakib, Arameel, Sammael, Akibeel, Tamiel, Ramuel, Danel, Ezeqeel, Saraqujal, Asael, Armers, Batraal, Anani,

Zaqebe, Samsaveel, Sartael, Tumael, Turel, Jomjael, Arasjal. Dies sind ihre Dekarchen.
Diese und alle übrigen mit ihnen nahmen sich Weiber, jeder von ihnen wählte sich eine aus, und sie begannen zu ihnen hineinzugehen und sich an ihnen zu verunreinigen. Sie lehrten sie Zaubermittel, Beschwörungsformeln und das Schneiden von Wurzeln und offenbarten ihnen die heilkräftigen Pflanzen. Sie wurden aber schwanger und gebaren Riesen, die den Erwerb der Menschen aufzehrten ...

Wer waren diese Engel, die Wächter des Himmel und zig andere, die exakt genannt und beschrieben werden? Von wo stiegen die 200 „Engel" auf den Berg Hermon herab, wenn nicht vom Himmel? Aufwachen!
Wenden wir uns nun schriftlichen Überlieferungen von Augenzeugenberichten zu, die unabhängig von den Glaubensbüchern überliefert wurden.
Eine der ältesten überlieferten Sichtungen von Himmelsbeobachtungen seltsamer Phänomene ist ein Text in den Annalen des Pharaos Thutmosis III. aus der Zeit von 1486 vor Christus bis 1425 vor Christus. In diesem Text wird von Kreisen aus Feuer berichtet. Erstaunlich ist, dass diese Kreise mehrere Tage am Himmel beobachtet wurden.

Der römische Schriftsteller Iulius Obsequens berichtet in seinem Werk Prodigorium Liber von mehreren ungewöhnlichen Himmelserscheinungen zwischen den Jahren 190 vor Christus bis 11 vor Christus. Erwähnt werden fliegende Schiffe und runde Schilde. Auch von einem goldenen Globus aus Feuer wird berichtet. Dieser soll vom Himmel gefallen und wieder aufgestiegen sein. Letztendlich ist er dann davongeflogen.

Im Jahre 1235 wird in Japan von einer Sichtung berichtet. Der Shögun Kujö Yoritsune berichtet von einer Sichtung während eines Feldlagers. Es wird beschrieben, dass merkwürdige Lichter am Himmel in Kreisen hin und her zu schwangen. Diese Sichtung dauerte mehrere Stunden an und wurde eingehend untersucht. Das Ergebnis der damaligen Zeit war, dass ein Sturm die Sterne heftig hin- und hergeweht haben müsse.

Auch von vielen Seefahrern wie Christoph Kolumbus und einigen anderen gibt es vergleichbare Berichte aus den Logbüchern. 1492 wurden beispielsweise Luftschiffe und seltsame Lichter über- und unter Wasser gesichtet. Diese traten auch aus dem Wasser und stiegen gen Himmel.

Am 4. April 1561 wurden am Himmel über der fränkischen Stadt Nürnberg viele verschiedene Objekte gesehen. Von vielen Augenzeugen wurden Röhren, Kugeln Kreuze,

Scheiben, und spitzige Körper beobachtet. Es wird berichtet, dass diese Objekte untereinander eine Schlacht führten und dass diese Körper dann brennend zur Erde vielen, wo sie mit viel Rauch vergingen.

Bereits im Jahre 1566 wird dann aus Basel von einem sehr ähnlichen Vorfall berichtet. Dieser erschien in einem Flugblatt von dem Buchdrucker Samuel Coccius. Auf dem Flugblatt stand, dass am Morgen des 7. August viele schwarze Kugeln am Himmel gesehen wurden. Die Kugeln sollen sich sehr schnell bewegt haben. Es wird davon berichtet, dass sie Kurven flogen und zusammenstießen. Es wurde auch hier der Eindruck vermittelt, als ob diese Flugkörper sich gegenseitig bekämpfen würden. Letztendlich begannen die Kugeln rot zu glühen und erloschen. Die Ähnlichkeiten zu dem Nürnberger Bericht sind deutlich herauszulesen.

Eine der nach meiner Meinung faszinierendsten Ufosichtungen aus der Neuzeit waren die Massensichtungen in Belgien die unter dem Begriff „Ufowelle" bekannt wurden. Sehr regelmäßige Sichtungen wurden in dem Zeitraum vom 29. November 1989 bis zum April 1990 gemacht. Eine weitere Berichterstattung war die bekannte Phoenix Sichtung vom 13. März 1997. Auch unter „Phoenix Lights" bekannt.

Bei der belgischen Ufowelle wurde erstmals von dreieckigen Flugkörpern berichtet. Laut Zeugenberichten hatten sie je Eck ein orangenfarbenes- und im Zentrum ein kleineres rotes Licht. Hunderte Augenzeugen, darunter auch Wissenschaftler, Polizisten, Soldaten und Politiker, berichteten von den selben Phänomenen. Auch angefertigte Skizzen von völlig unabhängigen Zeugen ähnelten sich sehr. Im Fernsehen wurde von einem tatsächlichen Phänomen berichtet, das nicht wegzudiskutieren sei, sondern als real bezeichnet werden muss. Militär und Politik sahen sich den Phänomen gegenüber machtlos und es wurden mehrere Erklärungsversuche unternommen, die alle darauf hinausliefen, dass diese Objekte real und nicht vom irdischen Militär waren.

Bei der Phoenix Sichtung vom 13. März 1997 gab es ebenfalls Hunderte von Augenzeugenberichten aus ganz verschiedenen Gebieten der USA. Das gesichtete Objekt soll V-förmig gewesen sein. Seine Breite wird auf zirka 430 Meter geschätzt und seine Länge auf zirka 520 Meter. Dazu gibt es unterschiedliche Angaben, doch alle sind im Bereich von mehreren Hundert Metern angesiedelt. Auch dieses Objekt soll auf der Unterseite mehrere Lichter gehabt haben. Einige Zeugen nannten auch ein kleineres rotes Licht, das dem großen Objekt wie ein Anhängsel folgte. Die verschiedenen Sichtungen wurden zeitlich registriert und es konnte eine eindeutige Fluglinie des Objekts ausgemacht werden, auf der es sich mal sehr langsam und mal sehr schnell bewegte. Die erste Sichtungswelle mit Augenzeugenberichten soll gegen 20:15 in Prescott (Arizona) eingegangen sein. Gegen 20:30 überfliegt das Objekt bereits Teile von Phoenix (Arizona). Gegen zirka 20:45 wurde das Objekt in Tucson (Arizona) bestätigt. Um zirka 21:00 wird das Objekt zum letzten Mal etwas außerhalb von Tucson gesichtet

Militärangehörige der Luke Air Force Base wollten die Sichtung über Phoenix damit erklären, dass F16 Kampfflugzeuge gegen 22:00 Leuchtraketen in dem Gebiet abwarfen. Viele der in Phoenix wohnenden Augenzeugen sagten jedoch aus, dass sie das Phänomen der Leuchtraketen genau kannten und dass dieses nicht mit den gesehenen Lichtern zu vergleichen wäre und dass die Zeitangabe nicht der Sichtung übereinstimmte. Spätere Videoanalysen von Fachexperten stellten auch heraus, dass die Videoaufnahmen keine Leuchtraketen zeigten, da sie Aufnahmen von diesen mit den Videoaufnahmen der Phoenix – Lichter genau verglichen. Bei den Phoenix – Lichtern gab es erstens keine Leuchtspur und zweitens kein Absinken der Lichter. Auch die früheren Sichtungen vor 22:00 konnten die Militärangaben nicht erklären.

Es gibt noch mehrere Dutzend ähnlich spektakuläre und gut belegte Sichtungen, doch ich will es dabei belassen.

Entführungen durch Außerirdische:
Weltweit gibt es Berichte von Menschen, die behaupten, dass sie von Außerirdischen entführt wurden. Unter Hypnose geben die Entführten ebenfalls sehr ähnliche Berichte von sich. Dabei geht es in der breiten Schnittmenge um medizinische Experimente, die an den Entführten vorgenommen wurden. Viele dieser Entführten hatten auch Verletzungen, die darauf hindeuteten. Auch von Implantaten war oft die Rede, welche die Entführten über die Nase oder an anderen Körperstellen eingeführt bekamen. Fakt ist, dass solche Implantate schon gefunden wurden. Es gab jedoch keinen eindeutigen Hinweis auf eine außerirdische Herkunft.
Der aller erste und für mich spektakulärste Entführungsfall ist jener von Betty und Barney Hill. Beide sagten unter Hypnose aus, dass sie in der Nacht des 19. Septembers 1961 von kleinwüchsigen grauen Aliens in deren Raumschiff entführt wurden. Betty Hill seien Proben von den Fingernägeln, den Haaren und von ihrem Ohrenschmalz entnommen worden. Bemerkenswert finde

ich jedoch, dass Betty Hill eine Sternenkarte gezeigt wurde, die sie dann nachzeichnete. Eine spätere Analyse ergab, dass es sich bei der Karte um eine Darstellung handelte, wie man den Sternhimmel von dem Doppelsternsystem **Zeta Reticuli** sehen würde. Dieses Doppelsternsystem ist zirka 39,5 Lichtjahre von der Erde entfernt.

Sehr nachdenklich stimmt mich die Tatsache, dass im ersten Jahresviertel von 2007 der folgende Bericht auf mehreren Internetseiten zu lesen war:
Zeta Reticuli besteht aus den Sternen Zet 1 Ret und Zet 2 Ret, die die Katalognummern HD 20766 und HD 20807 tragen. Mit Hilfe des Keck-Teleskops auf Hawaii gelang den Astronomen um Professor Carl W. Stilton (Institut für astronomische Studien in Grand Rapids, Michigan) **der Nachweis, dass das Doppelsternsystem Zeta Reticuli von Planeten umkreist wird.**
Die Auswertung der Daten lässt darauf schließen, dass es sich nicht wie bisher in den meisten Fällen um einen einzigen Riesenplaneten von mehrfacher Jupitermasse handelt. „**Wir haben es hier möglicherweise zum ersten Mal mit dem Nachweis eines Planetensystems ähnlich wie dem unseren zu tun.**", erklärte Professor Stilton.
Spektralanalysen des Lichtes von Zeta Reticuli ergaben den Nachweis von Ozon, was

möglicherweise auf das Vorhandensein von Leben zurückzuführen ist. Diesbezügliche Untersuchungen bauen aber bislang noch auf Spekulationen. Weitere Untersuchungen werden sich äußerst schwierig gestalten.

Die Quellen waren damals:
www.wikipedia.com
und
http://astronomy.libsyn.com/
Dort gibt es den Bericht momentan nicht mehr. Noch gravierender ist es jedoch, dass selbst von dem Prof. Carl W. Stilton nirgendwo etwas zu finden ist, wenn ich heute nach ihm suche. Nur auf der folgenden Seite und einer weiteren fand ich noch die Kopie des Berichtes.
http://www.planearium.de/wbb/index.php?page=Thread&threadID=2420

Ich war und bin kein Verschwörungstheoretiker, doch dieser Vorfall stinkt wahrlich zum Himmel. Was davon zu halten ist, kann ich leider nicht mit Gewissheit sagen, doch ich wollte es hier nicht unerwähnt lassen.

Weltweite Tierverstümmelungen:
Das zweite erwähnenswerte Phänomen, sind die weltweit ungeklärten Tierverstümmelungen, die zu 90% mit Ufosichtungen in direkter Verbindung stehen.

Bemerkenswert dabei ist, dass nie Spuren gefunden werden. Pferden, Kühen und anderen Haus- und Wildtieren werden verschiedene innere Organe, Euter, Augen, das gesamte Blut und so weiter entnommen. Die Schnitte wurden stets ganz offensichtlich mit einem laserartigen Gerät durchgeführt, da sie absolut präzise waren und sich die Blutgefäße durch starken Hitzeeinfluss an den Schnittstellen schlossen.

Die frisch aufgefundenen Tiere zeigen keinerlei Angriffsspuren von Wildtieren und auch keine Verstümmelungen durch Messer oder andere übliche Schneidwerkzeuge.

Ein texanischer Viehzüchter wurde so oft von diesem Phänomen betroffen, dass er um seine Existenz bangte, da der Verlust an Rindern entsprechend hoch war. Bei einigen dieser Tiere lassen sich auch Knochenbrüche finden. Ganz so, als ob sie aus einiger Höhe heruntergefallen wären.

In vielen amerikanischen Staaten war das Phänomen über viele Jahre so verbreitet, dass sich die Viehzüchter zusammenschlossen und sich an die Regierung wandten. Doch die Regierung wusste auch keinen Rat. Der Verdacht auf Rituale von bestimmten Sekten musste bald fallengelassen werden, da die vorgefundenen Tiere die genannten Spuren aufwiesen, welche nicht auf bekannte Rituale und Werkzeuge hindeuteten. Auch das Auftauchen von seltsamen Lichtern und

Objekten am Himmel konnte nicht mit den vermuteten Sekten in Zusammenhang gebracht werden.

Eine Zeit lang wurde sogar die Regierung selbst verdächtigt und die Viehzüchter vermuteten, dass bestimmte geheime Abteilungen der Behörden heimliche Tierexperimente vornahmen. Dies schien jedoch sehr bald paradox zu sein, da es für den Staat kein Problem gewesen wäre, von den Viehzüchtern ganz offiziell oder über andere Personen die vielen Rinder abzukaufen. Damit hätte niemand Aufsehen erregt. Zudem waren es nicht nur Rinder.

Das Phänomen ist bis heute nicht geklärt und es wird weiterhin mit den Lichtern und Objekten am Himmel in direkte Verbindung gebracht, die dabei meist gesichtet werden.

Fazit:

Wenn wir nun den gesamten Geschichtsverlauf ab den Sumerern bis heute betrachten, dann können wir uns viel zusammenreimen. Es scheint tatsächlich sehr viel dafür zu sprechen, dass, so wie es die Sumerer überlieferten, die „Götter" Versuche mit unseren Vorfahren machten, dass sie wieder verschwanden und dass sie uns immer wieder besuchen und ihre Versuchsergebnisse (uns) und deren Planeten auch weiterhin wissenschaftlich erforschen. Möglich ist es nach den Gefechtsbeschreibungen auch, dass uns bereits verschiedene Aliens besuchten und immer wieder besuchen. Natürlich ist dies eine Schlussfolgerung, die auf einer Kette von Überlieferungen, Sichtungen, Zeugenaussagen und so weiter beruht. Ich habe dafür persönlich keinen einzigen greifbaren Beweis, der wissenschaftlich als Beweis gelten würde. Die gewaltige Masse an Indizien war es mir jedoch wert, dass ich Ihnen diese vermittelte. Die Zukunft wird gewiss mehr Licht in das Dunkel bringen.

Es ist und bleibt spannend!

Schlusswort:
Es war eine große Herausforderung für mich, dieses Buch zu schreiben. Ich sehe es als eine Art von Hobby-Dissertation an, da ich fast alles aus dem Kopf schrieb. Die Stellen, die ich 1:1 recherchierte, gab ich direkt an den jeweiligen Textpassagen an.
Es würde mich sehr freuen, wenn einige sehr kluge Köpfe durch meine Ideen auf noch viel bessere Ideen während des Lesens kamen.
Mit meiner ens - These bin ich sehr zufrieden. Sie beantwortet so viele Fragen, welche die Urknallthese nicht einmal vom Ansatz her beantworten kann.
Ja, so kann ich mir die ewige Unendlichkeit vorstellen und so ergibt alles einen wunderbaren Sinn. Auch, dass ich für mich die Einheit von Gott und der ewigen Unendlichkeit fand, löst absolute innere Zufriedenheit in mir aus. Ich denke jedoch, dass wir gewisse Fragen niemals beantworten können, da unser Verstand selbst ein Produkt von Ursachen und Wirkungen ist. Von daher scheinen wir in dieses System integriert zu sein. Gedanklich kommen wir da nicht heraus.
Ich hoffe, dass Ihnen das Lesen viel Freude bereitete. Leeren Sie immer rechtzeitig Ihre Tasse und arbeiten Sie jeden Tag ein wenig daran, Ihren rauen Stein zu glätten.

Ihr Chris Wolker

Anhang:

Helfen Sie beim Kampf gegen die globale Ausbreitung von Spielsucht bei PC/Konsolen- und Onlinegames bitte mit:

Bitte verzeihen Sie mir, dass ich hier Werbung mache. Wäre mir das Thema Spielsucht nicht sehr ernst, dann würde ich darauf verzichten. Es wäre jedoch der heutigen und kommenden Generation gegenüber verantwortungslos, dies zu tun.
Bitte sehen Sie sich die Informationen an und helfen Sie, wenn Sie eine betroffene Peron kennen.
Spielsucht ist zu einem ernstzunehmenden globalen Problem mit drastischen Auswirkungen für alle Betroffenen und Mitbetroffenen herangewachsen.
Kinder, Jugendliche und Erwachsene sind von dieser Krankheit betroffen, die meist schleichend beginnt und viel zu spät erkannt wird.
Der Ratgeber erklärt, wie sich Sucht von einem scheinbar harmlosen Phänomen zu einem gravierend ernstzunehmenden Problem entwickelt.
Es gibt Spezialisten die ganz genau wissen, wie man spezielle suchtauslösende Faktoren in Spielsysteme integriert. Diese Menschen werden als MAGIER innerhalb dieses Ratgebers betitelt. Deren Magie wird Ihnen jedoch **völlig offenbart**. Sie bekommen einen äußerst wirkungsvollen und nachhaltigen Selbstverteidigungskurs vermittelt, mit dem Sie diese Magie in den Würgegriff bekommen und als absoluter Sieger aus dem Ring steigen.
Ja, werden Sie ein SIEGER! Jedoch nicht im Spiel, sondern in Ihrem Leben.

Broschiert: 184 Seiten
- Verlag: Books on Demand; Auflage: 2. Auflage. (22. November 2010)
- Sprache: Deutsch
- ISBN-10: 3842332637
- ISBN-13: 978-3842332638
- Größe und/oder Gewicht: 21 x 14,6 x 1,2 cm
- Preis: 15,90 Euro

Der Ratgeber ist in allen Onlineshops unter dem Titel:
Spielsucht bei PC/Konsolen- und Onlinegames
- oder in englischer Sprache mit dem Titel
Gambling addiction with PC-, console and online games
- zu finden.